建筑业农民工业余学校培训教材

混 凝 土 工

建设部人事教育司组织编写

U0198528

中国建筑工业出版社

图书在版编目(CIP)数据

混凝土工/建设部人事教育司组织编写. —北京：中国
建筑工业出版社，2007
（建筑业农民工业余学校培训教材）
ISBN 978-7-112-09644-2

Ⅰ. 混… Ⅱ. 建… Ⅲ. 混凝土工-技术培训-教材
Ⅳ. TU755

中国版本图书馆 CIP 数据核字(2007)第 159542 号

建筑业农民工业余学校培训教材
混 凝 土 工
建设部人事教育司组织编写

*

中国建筑工业出版社出版、发行(北京西郊百万庄)
各地新华书店、建筑书店经销
北 京 天 成 排 版 公 司 制 版
北京云浩印刷有限责任公司印刷

*

开本：787×1092 毫米 1/32 印张：2¾ 字数：60 千字
2007 年 11 月第一版 2015 年 9 月第七次印刷
定价：**10.00** 元
ISBN 978-7-112-09644-2
(26490)

本书是依据国家有关现行标准规范并紧密结合建筑业农民工相关工种培训的实际需要编写的，主要内容包括：混凝土的基础知识，材料的投放及混凝土的搅拌和运输，混凝土的浇筑，混凝土的养护及缺陷修补，几种重要构件的浇筑、振捣、养护质量分析，混凝土的季节施工，混凝土的质量控制及验收，混凝土的安全生产等。

　　本书可作为建筑业农民工业余学校的培训教材，也可作为建筑业工人自学读本。

＊　　＊　　＊

责任编辑：朱首明　李　明
责任设计：赵明霞
责任校对：梁珊珊　王雪竹

建筑业农民工业余学校培训教材
审定委员会

主　任：黄　卫

副主任：张其光　刘　杰　沈元勤

委　员：（按姓氏笔画排序）

　　　　占世良　冯可梁　刘晓初　纪　迅

　　　　李新建　宋瑞乾　袁湘江　谭新亚

　　　　樊剑平

建筑业农民工业余学校培训教材
编写委员会

主　　编：孟学军

副主编：龚一龙　朱首明

编　　委：（按姓氏笔画排序）

马岩辉	王立增	王海兵	牛　松
方启文	艾伟杰	白文山	冯志军
伍　件	庄荣生	刘广文	刘凤群
刘善斌	刘黔云	齐玉婷	阮祥利
孙旭升	李　伟	李　明	李　波
李小燕	李唯谊	李福慎	杨　勤
杨景学	杨漫欣	吴　燕	吴晓军
余子华	张莉英	张宏英	张晓艳
张隆兴	陈葶葶	林火桥	尚力辉
金英哲	周　勇	赵芸平	郝建颇
柳　力	柳　锋	原晓斌	黄　威
黄水梁	黄永梅	黄晨光	崔　勇
隋永舰	路　明	路晓村	阚咏梅

序　言

　　农民工是我国产业工人的重要组成部分，对我国现代化建设作出了重大贡献。党中央、国务院十分重视农民工工作，要求切实维护进城务工农民的合法权益。为构建一个服务农民工朋友的平台，建设部、中央文明办、教育部、全国总工会、共青团中央印发了《关于在建筑工地创建农民工业余学校的通知》，要求在建筑工地创办农民工业余学校。为配合这项工作的开展，建设部委托中国建筑工程总公司、中国建筑工业出版社编制出版了这套《建筑业农民工业余学校培训教材》。教材共有 12 册，每册均配有一张光盘，包括《建筑业农民工务工常识》、《砌筑工》、《钢筋工》、《抹灰工》、《架子工》、《木工》、《防水工》、《油漆工》、《焊工》、《混凝土工》、《建筑电工》、《中小型建筑机械操作工》。

　　这套教材是专为建筑业农民工朋友"量身定制"的。培训内容以建设部颁发的《职业技能标准》、《职业技能岗位鉴定规范》为基本依据，以满足中级工培训要求为主，兼顾少量初级工、高级工培训要求。教材充分吸收现代新材料、新技术、新工艺的应用知识，内容直观、新颖、实用，重点涵盖了岗位知识、质量安全、文明生产、权益保护等方面的基本知识和技能。

　　希望广大建筑业农民工朋友，积极参加农民工业余学校的培训活动，增强安全生产意识，掌握安全生产技术；认真学习，刻苦训练，努力提高技能水平；学习法律法规，知法、懂法、守法，依法维护自身权益。农民工中的党员、团员同志，要在学习的同时，积极参加基层党、团组织活动，发挥党员和团员的模范带头作用。

愿这套教材成为农民工朋友工作和生活的"良师益友"。

建设部副部长：黄卫

2007 年 11 月 5 日

前　　言

　　混凝土是现代建筑工程的主要材料。了解和掌握混凝土的基本知识、特性以及操作要点和安全章程对于混凝土工保质保量完成作业有着重要意义。

　　本书共分八章，包括混凝土的基础知识，材料的投放及混凝土的搅拌和运输，混凝土的浇筑，混凝土的养护及缺陷修补，几种重要构件的浇筑、振捣、养护和质量分析，混凝土的季节施工，混凝土的质量控制及验收和混凝土的安全生产等几个部分。本书内容简单明了，图文并茂，语言通俗易懂。注重对操作的指导，剔除了理论知识的大量阐述，直接服务一线施工人员。

　　本书由黄威主编，李波参编，白文山和庄荣生审阅。限于作者水平，书中难免有不妥之处，敬请广大读者批评指正。

目　录

一、混凝土的基础知识

（一）混凝土的基本组成材料

1. 水泥

水泥是一种无机水硬性胶凝材料。它与水拌合而成的浆体既能在空气中硬化，又能在水中硬化，将骨料牢固地粘聚在一起，形成整体，产生强度。因此水泥是混凝土的重要组成部分。

（1）水泥的分类、性能及使用范围

由于组成水泥的矿物成分不同，其水化特性就不同，强度增长规律也不一样。

水泥的种类很多，在混凝土工程中最常用的水泥有：硅酸盐水泥、普通硅酸盐水泥（普通水泥）、矿渣硅酸盐水泥（矿渣水泥）、火山灰质硅酸盐水泥（火山灰水泥）和粉煤灰硅酸盐水泥（粉煤灰水泥）等五大水泥品种。此外，还有特种水泥，如快硬硅酸盐水泥、大坝水泥、高铝水泥和抗硫酸盐硅酸盐水泥等。水泥品种是以水泥的性能为依据划分的，其目的是为了达到合理有效地使用。

我国常用的五大水泥种类，硅酸盐水泥、普通硅酸盐水泥、矿渣硅酸盐水泥、粉煤灰硅酸盐水泥、火山灰质硅酸盐水泥都是硅酸盐系列水泥，主要是通过调整硅酸盐水泥熟料含量，合理掺入不同品种、不同数量的混合材料而划分的。

因此在性能上这五个水泥品种之间既有区别又有联系，区分起来有一定的困难。常用水泥的主要特性和适用范围见表 1-1。

常用水泥的主要特性和适用范围 表 1-1

水泥种类	硅酸盐水泥	普通硅酸盐水泥	矿渣硅酸盐水泥	火山灰质硅酸盐水泥	粉煤灰硅酸盐水泥
密度 (g/cm³)	3.0~3.15	3.0~3.15	2.8~3.1	2.8~3.1	2.8~3.1
主要特征	1. 早期强度高，凝结硬化快； 2. 耐热性能较差，抗冻性好； 3. 水化热较大； 4. 耐腐蚀及耐水性较差	1. 早期强度高，凝结硬化快； 2. 耐热性较好，耐冻性较差； 3. 水化热较大； 4. 耐腐蚀及耐水性较差	1. 早期强度低，后期强度增长率大； 2. 耐热性较好，抗冻性较差； 3. 水化热较低； 4. 耐腐蚀及耐水性较差	1. 早期强度低，后期强度增长率大； 2. 对硫酸盐侵蚀的抵抗能力和抗水性好，耐热性、抗冻性较差； 3. 干缩性大； 4. 水化热较低； 5. 抗碳化能力差； 6. 抗渗性较好	1. 早期强度低，后期强度增长率大； 2. 对硫酸盐侵蚀的抵抗能力和抗水性好，耐热性、抗冻性较差； 3. 干缩性小； 4. 耐磨性好； 5. 水化热较低； 6. 抗碳化能力差
适用范围	适用于快硬早强的工程、配制高强度混凝土或抗冻、耐磨和抗渗的工程	适用于配制地上、地下及水中的混凝土，钢筋混凝土及预应力混凝土；用于早期强度要求较高的工程及反复受冻融作用的结构；可用于配制各类砂浆等	适用于浇筑大体积混凝土结构，地上、地下和水中的一般结构，用于有耐热要求和抗硫酸盐侵蚀要求的混凝土工程	适用于大体积混凝土工程、地下及水中的混凝土工程，可用于一般混凝土及钢筋混凝土	适用于大体积混凝土工程，地上、地下混凝土结构，有抗腐蚀性要求的混凝土结构

続表

水泥种类	硅酸盐水泥	普通硅酸盐水泥	矿渣硅酸盐水泥	火山灰质硅酸盐水泥	粉煤灰硅酸盐水泥
不适用范围	不宜用于大体积混凝土工程和受化学侵蚀、软水作用和海水侵蚀的工程	不宜用于大体积混凝土工程和受化学侵蚀、软水作用和海水侵蚀的工程	不适用于对早期强度要求高的结构及严寒地带并在水位升降范围内的混凝土工程	不适用于对早期强度要求高的混凝土工程以及严寒或干燥的地区混凝土工程施工	不适用于对早期强度要求高的混凝土，特别不适用于低温环境下使用

（2）几种特种水泥的特性

快硬硅酸盐水泥（快硬水泥）：快硬水泥具有早期强度增长快（三天即达到标准强度值）、水化热较高等特点。适用于配制早强高强混凝土，紧急抢修工程及冬期施工的工程。

矾土水泥（高铝水泥）：高铝水泥具有快硬早强，水化热高，耐腐蚀性能强，抗渗、耐热、抗冻性好等特性。适用于快硬早强，紧急抢修，有硫酸盐侵蚀的工程及有抗冻性要求的工程。

膨胀水泥：凡在硬化过程中能够产生体积膨胀的水泥统称为膨胀水泥。一般可分为两类，一类膨胀力较小，称为明矾石膨胀水泥，适用于配制补偿收缩混凝土，用以补偿水泥混凝土的收缩，防止混凝土产生裂缝，可用于防渗、防裂、接缝和锚固工程；另一类是膨胀力较大的，称为硅酸盐自应力水泥，用于配制自应力水泥混凝土，制造自应力水泥管道制品等。

白色水泥（白色硅酸盐水泥）：白色水泥的性能及使用方法与普通硅酸盐水泥相同，色泽洁白。它适用于建筑物的粉刷、雕塑，配彩色水泥，制造装饰构件、各种水刷石、水磨石及人造大理石制品等。

（3）水泥的保管与使用

水泥的保管应遵循方便使用及防止水泥受潮的原则。在水泥的贮存过程中，一定要注意防潮、防水。因为水泥受潮后会发生水化作用，凝结成块，严重时会全部结块而不能使用。水泥的贮存时间一般不应超过 3 个月。贮存 3 个月强度约降低 10%～20%，贮存 6 个月强度约降低 15%～30%，贮存 1 年强度降低 40%。因此，对过期水泥应进行检验，重新确定水泥强度，并按实际确定的强度等级使用。

1）水泥的贮存

水泥入库时应有质量证明文件，并按品种、强度等级、出厂日期等分别堆放整齐，做到先入库的先用，后入库的后用。

库内存放的袋装水泥，其下面应垫垫层。垫层离地面 30cm，且离开门窗洞口及墙面至少 30cm，以防受潮。堆放高度不宜超过 10 袋。

不宜露天堆放，如露天堆放，应下有防潮垫板，上有防雨篷布。

2）水泥的使用

结块水泥如用手即可捏成粉末，应重新检验其强度。使用时应先行粉碎，并加长搅拌时间。

结块水泥如较坚硬，应筛去硬块，将小颗粒粉碎，检验其强度满足条件后，可用于非承重结构、砌筑砂浆或当作掺合料掺入同品种新水泥中，但其掺量不能过多，不应大于新水泥质量的 20%，并要延长搅拌时间。

不同品种的水泥，不能混合使用；同一品种的水泥而强度等级高低不同以及出厂日期差距较大的水泥，也不可混合使用。

2. 骨料、水

配制混凝土用的原材料主要是水泥、骨料和水等。其中水泥和水起胶结作用，骨料按粒径分可分为细骨料和粗骨料。在混凝土中，骨料如同人体的骨骼一样起骨架的作用，因此而得名。

（1）细骨料

粒径为 0.16～5mm 的骨料叫细骨料。普通混凝土采用的细骨料是砂子。

砂子按其来源分可以分为天然砂和人造砂。天然砂按砂的产源不同，又分为河砂、海砂和山砂。河砂颗粒圆滑，用它拌制混凝土有较好的和易性；山砂表面粗糙，有棱角，与水泥粘结力较好，但拌制混凝土和易性较差，且不如河砂洁净；海砂虽颗粒圆润，但大多夹有贝壳碎片及可溶性盐类，影响混凝土强度。因此，建筑工程首选河砂作为细骨料。人造砂为经除土处理的机制砂和混合砂的统称。机制砂是由机械破碎、筛分制出的，其颗粒尖锐，有棱角，较洁净，但片状颗粒及细粉含量较多，成本较高。混合砂是由机制砂和天然砂混合制成的。一般在当地缺乏天然砂源时，采用人工砂。

砂按矿物成分来分有石英砂、长石砂、石灰石砂等。其中石英砂分布最广，强度较高，最适宜拌制混凝土；长石砂也可以使用；石灰石砂的质量变化较大，使用前必须进行试验。

按砂的粒径又可分为粗砂、中砂、细砂和特细砂四种：

粗砂：细度模数 3.1～3.7，平均粒径为 0.5mm 以上；

中砂：细度模数 2.3～3.0，平均粒径为 0.35～0.5mm；

细砂：细度模数 1.6~2.2，平均粒径为0.25~0.35mm；

特细砂：细度模数小于1.6，平均粒径为 0.25mm 以下。

砂的工程应用技术要点如下：

1）砂应按类别、规格分别堆放和运输，防止人为的碾压及污染造成的损失，运输时，应认真清扫车船等运输设备并采取措施防止杂物混入和粉尘飞扬。

2）细度模数：砂的细度模数是指不同粒径的砂粒混合在一起后的总体的粗细程度。砂的粗细程度与总表面积有关，粗砂总表面积小，细砂总表面积大。在混凝土中，当砂用量相同时，粗砂需包裹的水泥浆量少，细砂需包裹的水泥浆量多。

3）颗粒级配：砂的颗粒级配是指砂中不同粒径颗粒的组合搭配情况。从图 1-1 可以看出：同样粒径的砂，空隙最大 ［图 1-1(a)］；两种粒径的砂搭配起来 ［图 1-1(b)］，空隙减小；三种粒径的砂组配 ［图 1-1(c)］，空隙更小了。因此，减少砂粒间的空隙，必须有大小各异的颗粒相互组合搭配。

(a)　　　　　　　(b)　　　　　　　(c)

图 1-1　骨料的颗粒级配

(a)一种粒径；(b)二种粒径；(c)三种粒径

4）砂的表观密度、堆积密度、紧密密度和空隙率：砂的表现密度大小取决于砂的矿物的表观密度及空隙的数量。一般天然砂的表观密度为 2.6~2.7g/cm³；砂的堆积密度大小反映了砂在自然堆积情况下的空隙率，堆积密度大，意味着需要用水泥浆填充的空隙少。砂的空隙率与砂的颗粒形状和颗粒级配有关，带有棱角的砂特别是含片状颗粒较多的或级配不良的砂空隙率大。

5) 砂的含水率：砂中所含全部水的重量，以干砂重量的百分数表示时称为砂的含水率。当拌制混凝土时，由于砂中的含水量不同，会影响混凝土的用水量和砂用量。因此，一般以绝对干燥为基准，用百分率来表示，称为全干含水率；当砂的颗粒表面干燥，而颗粒内部孔隙含水达到饱和时，此时的含水率称为饱和面干含水率。计算混凝土各项材料的用量时，常以饱和面干砂为准，因为在这种状态下的砂，既不从混凝土拌合物中吸取水分，也不会给混凝土拌合物中带入水分，能够比较严格地控制混凝土的用水量。但施工现场的砂一般都是湿的，其含水量往往超过饱和面干状态，则应测定现场用砂的含水率，以调整混凝土的砂用量和用水量。砂的含水量情况如图 1-2 所示。

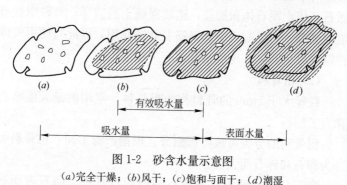

图 1-2 砂含水量示意图
(a)完全干燥；(b)风干；(c)饱和与面干；(d)潮湿

6) 砂的容胀：潮湿砂的各颗粒表面包裹一层水膜，引起一定重量的砂的体积显著增加，这种现象称为砂的容胀。容胀的程度取决于砂的含水率大小。当砂的含水率增加到

5%～8%时，砂的体积将增加 20%～30%或更大；当水的自重超过砂粒表面对水的吸附作用时就会发生流动，并迁移到砂粒间的空隙中，砂粒表面的水膜消失，这时砂的体积将随含水率的增加而逐渐减小。

在施工现场，露天堆放的砂，常含有一定水分，其体积经常变化。若按砂的体积配制混凝土时，则应事先测定各种含水率时砂的体积换算系数（即湿砂体积与干砂体积做除法运算），以便随时进行换算调整。

7) 有害杂质含量：砂中常含有黏土、淤泥、有机物、云母、硫化物及硫酸盐等有害物质。黏土、淤泥附在骨料表面，妨碍水泥与砂的粘结同时会增大用水量，导致混凝土强度降低，对混凝土的耐久性不利；云母呈薄片状，表面光滑，与水泥粘结不牢，影响混凝土颗粒之间粘结；有机物杂质易于腐烂，产生有机酸，对水泥有腐蚀作用；硫化物和硫酸盐对水泥亦产生腐蚀作用，它与水泥水化产物反应生成钙矾石，使水泥石体积膨胀，造成混凝土的破坏；海砂中含有氯化钠等，对混凝土中的钢筋有腐蚀作用，因此对使用海砂拌制混凝土时，必须严格按照有关规定执行。

（2）粗骨料

粒径大于 5mm 的骨料称为粗骨料，常用的是天然卵石和人工碎石。

粗骨料的分类可按产源划分，根据产源不同，粗骨料可分为卵石和碎石两大类。

卵石分为河卵石、海卵石和山卵石三种。卵石表面光滑，拌制的混凝土和易性良好，易捣实，空隙率也小，不透水性好，但与水泥砂浆的粘结性较差，含杂质量多，不宜用于配制高强度等级的混凝土。

碎石是将大块石破碎而成，颗粒级配较好，一般含泥量和杂质含量较少，而且颗粒富有棱角，表面粗糙，与水泥砂浆粘结的性能良好，空隙率较小，混凝土的密实度就好，因此碎石混凝土的强度较高。但用碎石拌制的混凝土和易性差。

石子的工程应用技术要点如下：

1）颗粒级配：石子的级配原理与砂相同。石子的级配有两种，即连续级配与间断级配。连续级配是石子由大到小连续分级，每级石子都占有适当的比例，采用合格的连续级配骨料配制的混凝土和易性好，在工程中广为应用，其空隙率较间断级配大；间断级配是人为地剔除石子中的某些粒级，造成颗粒粒级间断，颗粒尺寸的大小不是连续的，大颗粒间的空隙由小几倍的粒径的石子来填充，便空隙率达到最小，可省水泥，但和易性差，易产生分层离析现象，且资源不能充分利用，故很少采用。

对石子最大粒径的要求，从节约水泥的角度看，石子的最大粒径越大，越节约水泥。所以石子的最大粒径应在条件允许的情况下，尽量采用大一些的。试验证明，最大粒径小于 80mm 时，可明显地节约水泥；当最大粒径大于 80mm 时，对水泥节约效果不明显。从强度角度来看，在采用普通混凝土配合比的结构中，骨料的粒径大于 40mm 并没有什么好处。因为在水灰比相同的情况下，骨料的最大粒径增大，则强度会有所降低。从施工角度来看，石子最大粒径的选择取决于构件尺寸及钢筋的间距。根据规范规定，骨料的最大粒径不得大于结构截面最小尺寸的 1/4，同时不得大于钢筋间最小净距的 3/4。对于实心混凝土板，最大粒径不得超过板厚的一半，且不宜大于 50mm。骨料颗粒组合骨料分级示意图见图 1-3。

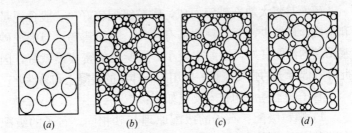

图 1-3 骨料颗粒组合骨料分级示意图

(a)大小均匀；(b)连续级配；(c)间断级配的骨料；(d)无颗粒的级配

2) 对骨料强度的要求：混凝土所用石子应具有足够的强度。检验石子强度的方法有两种：一是测石子的立方体强度；二是检验岩石的压碎指标，间接地测定石子的强度。对骨料的要求严格或对骨料的强度有争议时，宜用岩石的立方体强度检验，而一般用压碎指标比较方便。骨料的压碎指标可参考表 1-2。

压碎指标的规定(按重量损失％计)　　　　　　表 1-2

岩 石 品 种	混凝土强度等级	压碎指标值(％)	
		碎 石	卵 石
水 成 岩	C60～C40	10～12	＜9
	C30～C10	13～20	10～18
变质岩或深成的火成岩	C60～C40	12～19	12～18
	C30～C10	20～31	19～30
喷出的火成岩	C60～C40	＜13	不限
	C30～C10	不限	不限

注：1. 水成岩包括石灰岩、砂岩等。变质岩包括片麻岩、石英岩等。深成的火成岩包括花岗岩、正长岩、闪长岩和橄榄岩等。喷出的火成岩包括玄武岩和辉绿岩等。

2. 压碎指标值中，接近较小值者，适用于较高强度等级混凝土；接近较大值者，适用于较低强度等级混凝土。

3）对骨料坚固性的要求：石子的坚固性是指它抵抗冻融破坏及各种物理化学作用，以保证混凝土的耐久性的性能。试验是通过硫酸盐饱和溶液渗入碎石或卵石中，形成结晶产生的裂胀力对石子造成的破坏程度，间接地判断其坚固程度。

4）对针状、片状颗粒含量和含泥量的要求：在混凝土中含有过多的针、片状石子时，这些针、片状石子容易出现架空现象，空隙率较大，受压时容易折断，这样就使混凝土抗压强度降低。当混凝土强度等级不低于 C30 时，针、片状颗粒含量应不大于 15％，含泥量不大于 1％；强度等级低于 C30 时，针、片颗粒含量应不大于 25％，含泥量不大于 2％。

5）对石子化学性能的要求：在混凝土中应该警惕骨料所发生的化学反应给混凝土带来的危害。

碎石或卵石中的硫化物和硫酸盐，以及卵石中的有机质等均属有害物质。其含量应符合表 1-3 的要求。

碎石或卵石中的有害物质含量 表 1-3

项　　目	质　量　要　求
硫化物及硫酸盐含量（折算成 SO_3，按重量计）（％）	≤1.0
卵石中有机质含量（用比色法试验）	颜色不深于标准色，如深于标准色，则应配制成混凝土进行强度对比试验，抗压强度比应不低于 0.95

（3）水

拌制混凝土的水，应为清洁能饮用的河水、井水、自来水、湖水及溪涧清水。其他如工业废水、含矿物质较多的地下水、沼泽水、泥碳水、海水均不宜用于拌制混凝土。

海水不宜用来搅拌混凝土，更绝对不能用来拌制钢筋混凝土和预应力混凝土，因为海水中含有大量的硫酸根离子，会与水泥中的水化产物水化铝酸钙作用，生成一种结晶。这些结晶体后期会引起混凝土膨胀，使内部结构受到严重损害。此外，海水中还含有大量的氯离子，会加速钢筋混凝土中的钢筋的锈蚀进程。对近海的地下水用来拌制混凝土也要慎重，应通过化学分析证明符合规范规定，方可使用。

沼泽水也不能随便使用，因为沼泽水往往含有腐烂植物和动物的杂质，其化学成分复杂，用来拌制混凝土，对混凝土质量影响很大。如必须使用，也要通过试验证明无害时方可使用。

3. 混凝土的外加剂

外加剂是指在混凝土拌合过程中掺入使混凝土按要求改性的物质。实践证明，在混凝土中掺入功能各异的外加剂，满足了改善混凝土的工艺性能和力学性能的要求，比如：可以改善混凝土的和易性、调节凝结时间、延缓水化放热、提高早期强度、增加后期强度、提高耐久性、增加混凝土与钢筋的握裹力、防止钢筋锈蚀等的要求。总之，外加剂已成为混凝土中不可缺少的第五组成材料。

（1）几种常见外加剂

1）早强剂

早强剂是加速混凝土早期强度发展的外加剂。早强剂可在常温、低温和负温（不低于$-5℃$）的条件下加速混凝土的硬化过程，多用于冬期施工和抢修工程。早强剂主要有氯盐类、硫酸盐类和有机胺类三种。

氯盐类早强剂：主要有氯化钙、氯化钠、氯化钾、氯化铝及三氯化铁等，其中以氯化钙应用最广。氯化钙的适宜掺量为水泥重量的 0.5%～1%，能使混凝土在 3 天强度提高 50%～100%，7 天强度提高 20%～40%，同时能降低混凝土中水的冰点，防止混凝土早期受冻。采用氯化钙作早强剂，其最大缺点是会使钢筋锈蚀，并导致混凝土开裂。因此，规范规定，在钢筋混凝土中氯化钙的掺量不得超过水泥重量的 1%，在无筋混凝土中掺量不超过 3%，同时还规定在下列钢筋混凝土结构中不得掺用氯盐(见表 1-4)。

不得掺氯盐的钢筋混凝土结构　　　　　　表 1-4

序　号	环　　境
1	在高湿度空气环境中使用的结构
2	处于水位升降部位的结构
3	露天结构或经常受水淋的结构
4	与含有酸、碱或硫酸盐等侵蚀介质相接触的结构
5	使用冷拉钢筋或冷拔低碳钢丝的结构
6	直接靠近直流电源的结构
7	直接靠近高压电源(发电站、变电所)的结构
8	预应力混凝土结构

为了抑制氯化钙对钢筋的锈蚀作用，常将氯化钙与阻锈剂亚硝酚钠复合使用。

2) 减水剂

减水剂是在保证混凝土稠度不变的条件下，具有减水增强作用的外加剂。按减水效果分为：普通型减水剂，即具有一般减水增强的效果；早强型减水剂，兼有早强和减水作用；高效型减水剂，具有大幅度减水增强效果；引气型减水剂，具有引气减水作用；缓凝型减水剂，具有缓凝和减水的作用。

在混凝土中加入减水剂后的效果包括：在保持混凝土配合比完全不改变的情况下，可以提高混凝土的和易性，而且不会降低混凝土的强度；在保持混凝土流动性及水灰比不变的情况下，可以节约水泥用量，从而节约水及水泥；在保持混凝土流动性及水泥用量不变的情况下，可降低水灰比，提高混凝土的强度及耐久性。

3) 速凝剂

使混凝土能急速凝结的外加剂，适用于喷射混凝土、地下工程支护、建筑薄壳屋顶和防水混凝土工程等。

在喷射混凝土工程中可采用的粉状速凝剂是以铝酸盐、碳酸盐等为主要成分的无机盐混合物；液体速凝剂是以铝酸盐、水玻璃等为主要成分，与其他无机盐复合而成的复合物。

4) 缓凝剂

可以延缓混凝土的凝结时间，并对后期强度无明显影响的外加剂。能使混凝土拌合物在较长时间内保持其塑性，以利浇筑成型或降低水化热，并节约水泥 6%～10%。

目前采用较多的缓凝剂为糖蜜、木钙、硼酸和柠檬酸等。

当混凝土的用量不大时，如预应力灌浆和装饰混凝土宜采用硼酸、柠檬酸作为缓凝剂。掺入量分别为水泥重量的 0.6% 和 0.05%，可使混凝土缓凝 1～20 小时(h)。

5) 加气剂(引气剂)

能使混凝土内部形成无数均匀分布的微小气泡，改善混凝土的和易性，减少拌合用水量；能提高抗冻性 3～4 倍；抗渗、抗裂、抗冲击性能都可得到提高，从而能提高混凝土的耐久性。

含气量的增加会使混凝土强度降低，因此混凝土的含气量不宜过多，以 3%～5% 为宜，同时混凝土强度降低不宜超出 25%。

目前使用的加气剂有松香热聚物和松香酸钠。其掺入量分别为水泥用量的 0.005%～0.01% 和 0.01%～0.05%，严格按规定执行。加气剂与减水剂复合使用，可取得良好效果。

6）防冻剂

能使混凝土拌合物在一定零下温度的范围内，保持混凝土中的水不冻结，能继续水化、硬化，并达到一定强度的外加剂。

常用的防冻剂有亚硝酸钠和硫酸钠，是抗冻效果较为理想的复合防冻剂，对钢筋无锈蚀作用，能在 −10℃ 的环境中施工，其掺量与温度有关。当温度为 −5～−3℃ 时，掺量为水泥重量的百分比：硫酸钠为 3%，亚硝酸钠为 2%～4%；当温度为 −10～−8℃ 时，硫酸钠为 3%，亚硝酸钠为 6%～8%。

（2）使用外加剂应注意的事项

当外加剂为胶状、液态或块状固体时，必须先制成一定浓度的溶液，每次用前摇匀或拌匀，并从混凝土拌合水中扣除外加剂溶液的用水量；当外加剂为粉末时，也可以与水泥和骨料同时搅拌，但不得有凝结块混入。

要根据混凝土的要求、施工条件、施工工艺选择适当的行之有效的外加剂。

应对外加剂进行检验，进行有针对性的对比性试配和试验，确定最佳掺量。

外加剂的掺量必须准确，计量误差为 2％，否则会影响工程质量，延误工期，甚至造成事故。

使用外加剂的混凝土，要注意搅拌、运输、振捣器频率的选用和振捣等各个环节的操作；对后掺的或干掺的要延长搅拌时间。在运输过程中要注意保持混凝土的匀质性，避免离析。掺引气减水剂时，要采用高频振捣器振动排气。

另外，混凝土外加剂无论成分如何，都不要用于食用，以免危害身体健康。

（二）混凝土的分类及性能

1. 混凝土的分类

混凝土因其成分不同，性能各异，使用功能不一，可按不同的标准划分成不同的种类：

1）按供应方式的不同可划分为现场搅拌混凝土和商品混凝土。

2）按胶凝材料的不同可划分为：无机胶凝材料混凝土有水泥混凝土、石膏混凝土和水玻璃混凝土等；有机胶凝材料混凝土有沥青混凝土、聚合物胶凝混凝土（又称树脂混凝土）等；有机与无机复合胶凝材料混凝土有聚合物水泥混凝土和聚合物浸渍混凝土。

3）按混凝土的密度可划分为：特重混凝土，密度大于 $2700kg/m^3$ 的混凝土；普通混凝土，密度为 $1900～2500kg/m^3$ 的混凝土；轻混凝土，密度为 $1000～1900kg/m^3$ 的混凝土；特轻混凝土，密度小于 $1000kg/m^3$ 的混凝土，如加气混凝土、泡沫混凝土属于这类特轻混凝土。

4）按使用的功能可划分为结构混凝土、耐酸碱混凝土、耐热混凝土、防水混凝土、海洋混凝土以及水工混凝土等。

5）按配筋情况可划分为无筋混凝土（又称素混凝土）、钢筋混凝土、预应力混凝土❶、劲性钢筋混凝土、纤维混凝土以及钢丝网水泥等。

6）按施工工艺可划分为普通浇筑混凝土、泵送混凝土、喷射混凝土及离心成型混凝土等。

7）按流动性可划分为塑性混凝土、干硬性混凝土、半干硬性混凝土、流动性混凝土以及大流动性混凝土等。

2. 混凝土的性能

混凝土从制作到制得成品都要经历拌合物、凝结硬化及硬化后三个阶段，掌握这三个阶段混凝土的性质特征，对于选择施工方法、控制质量将大有益处。

（1）混凝土拌合物的基本性能

1）和易性的概念

混凝土拌合物应具有一定的弹性、塑性和黏性。这些性质综合起来通常叫做和易性（稠度）。和易性是混凝土拌合物的一种综合性的技术性质，包括流动性、黏聚性和保水性三方面的含义。

流动性，是指混凝土拌合物在自重或施工机械振捣的作用下，产生流动并均匀密实地填满模板各个角落的能力。它可以影响施工捣实的难易和浇筑的质量。流动性一般以坍落度的大小来表示。

黏聚性，是指混凝土拌合物所表现的粘聚力。这种粘聚力使混凝土在受作用力后不致出现离析现象。

保水性，是指混凝土拌合物保持水分不易析出的能力。

---

❶ 预应力钢筋混凝土规范上称为预应力混凝土。

保持水分的能力一般以稀浆析出的程度来测定。

混凝土拌合物的和易性是用坍落度或工作度(干硬度)来表示的。

2) 坍落度的测定方法

将混凝土的拌合物分三层装入用水润湿过的截头圆锥筒内，每层高度应稍大于筒高的1/3，并用弹头形捣棒插捣25次，在插捣上面两层时，应插捣至下层表面为止。插捣时不要冲击。

捣完后，刮平筒口，将圆锥筒慢慢垂直提起，将空筒放在锥体混凝土试样旁边，然后在筒顶上放一平尺，量出尺的底面至试样顶面中心之间的垂直距离(以 cm 或 mm 计)，此距离即为混凝土拌合物的坍落度，如图1-4所示。

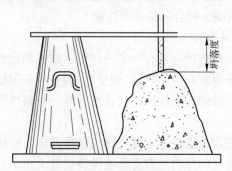

图1-4 混凝土坍落度的测定

3) 工作度的测定方法

混凝土的工作度也是表示混凝土拌合物和易性的一种指标。它是测定混凝土拌合物在振动状态下相对的流动性，适用于低流动性混凝土或干硬性混凝土。其测定方法如下：

将混凝土标准试模(20cm×20cm×20cm)固定在标准振动台上；再将底部直径略小的截头圆锥筒(除去踏板)放进标

准试模内，上口放置装料漏斗（见图 1-5），将混凝土拌合物按坍落度试验方法分三层装捣，然后取去圆筒；开动振动台，直至模内混凝土拌合物充分展开而表面呈水平为止。从开始振动到混凝土拌合物表面形成水平时的延续时间（秒），称为混凝土的工作度。

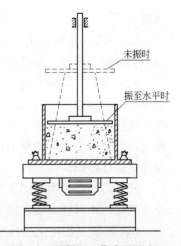

未振时

振至水平时

图 1-5　混凝土工作度的测定

应当注意，同一次拌合的混凝土拌合物的坍落度或工作度应测两次，取其平均值作为测定结果。每次须换用新的拌合物。如果两次测得的结果，坍落度相差 2cm 以上，工作度相差 20% 以上，则整个测定须重做。

4）影响混凝土和易性的主要因素

A. 水泥浆量：在一定范围内，水泥浆量越多，混凝土拌合物流动性越大。但如水泥浆量过多，不仅流动性无明显增大，反而降低黏聚性，影响施工质量。

B. 水灰比：水灰比不同，水泥浆的稀稠程度也不同。一般在水泥浆量不变的条件下，增大水灰比，即减少水泥用量或增加用水量时，水泥浆就变稀，使水泥浆的黏聚性降低，流动性增大。如水灰比过大，使水泥浆的黏聚性降低过多，就会泌水，影响混凝土质量。相反，如水灰比过小，水泥浆较稠，采用一般施工方法时也难以浇筑捣实。故水灰比不能过大，也不能过小。一般认为水灰比在 0.45～0.55 的范围内，可以得到较好的技术经济效果，和易性也比较理想。

C. 砂率：指砂的用量占砂石总用量的百分数。在一定的水泥浆量条件下，如砂率过大，则混凝土拌合物就显得干稠，流动性小；如砂率过小，砂浆量不足，不能在石子周围形成足够的砂浆层以起润滑作用，也会影响黏聚性和保水性，使拌合物显得粗涩，石子离析，水泥浆流失。为保证混凝土拌合物的质量，砂率不可过大，也不可过小，应通过试验确定最佳砂率。

此外，水泥种类和细度，石子种类及粒形和级配，以及外加剂等，都对拌合物和易性有影响。

(2) 混凝土在硬化过程中的性能

混凝土的凝结硬化要经历初凝、终凝到产生初期强度等三个过程，这主要是靠水泥的水化作用来实现。水泥的水化反应放出热量，使混凝土升温，将会出现初期体积变化和可能出现裂缝现象。了解混凝土在这一阶段的性质，对于控制混凝土的施工质量大有益处。

混凝土拌合物入模之后，从流动性很大到逐渐丧失可塑性，转化为固体状态，这个变化过程叫凝结。凝结又分为初凝和终凝。

初凝是混凝土拌合物由流动状态变为初步硬化状态的。不论什么混凝土都必须在初凝前浇筑振捣完毕，否则影响混凝土的施工质量。终凝是指混凝土从逐步硬化状态到完全变成固体状态，并且具有一定强度。终凝这一概念也十分重要。因为，终凝之后的混凝土不可再扰动，否则会降低混凝土的强度。这时应加强养护，不得使混凝土内部水分过早或过快地蒸发掉。否则将同样会降低混凝土的强度。

为了使混凝土和砂浆有充分的时间进行搅拌、运输、浇捣或砌筑，要求水泥不宜过早开始凝结。施工完毕，则希望尽快硬化，具有强度。国家标准规定：硅酸盐水泥和普通水泥的初凝时间不得早于 45 分钟(min)，终凝时间不得迟于 12 小时(h)。实际上，我国生产的水泥初凝时间一般为 1～3h，终凝时间为 5～8h。

(3) 混凝土硬化后的性能

硬化后的混凝土应具有足够的强度、耐久性、抗渗性和抗冻性以及较小的收缩与徐变。

(三) 商 品 混 凝 土

商品混凝土(即预拌混凝土)的推广应用，对提高混凝土质量，节约原材料，实行现场文明施工，减少环境污染，具有突出的优点，并使混凝土的应用得到更大的发展，有利于实现建筑工业化，取得明显的社会经济效益。

1. 商品混凝土的性能

商品混凝土混合料受水泥凝结时间的限制，它们不能运到工地贮存备用。各建筑工地对商品混凝土搅拌站提供的混凝土最大需求量，往往集中在同一个时期，且不同用户所需要的混凝土品种、配合比、骨料级配、外加剂和掺合料等不尽相同，需随时变更，以满足需要，故商品混凝土对搅拌站的规模、搅拌能力、自动化和机械化程度提出了更高的要求。

2. 商品混凝土的运输

商品混凝土的运输一般采用搅拌运输车运输。运输时应满足下列要求：

搅拌运输车不吸水、不漏浆、不粘结、防晒防雨、冬期保温；

运输道路应基本平坦，避免使混凝土振动、离析、分层；

运至现场发现离析，应在浇筑前进行二次搅拌。

商品混凝土从开始加水搅拌到从搅拌机卸出至浇筑完毕延续的时间应满足：

混凝土强度等级小于 C30（包括 C30），气温低于 25℃时，需要在 2h 内浇筑完毕；气温高于 25℃时需要在 1.5h 内浇筑完毕。

混凝土强度等级高于 C30、气温低于 25℃时，需要在 1.5h 内浇筑完毕；气温高于 25℃ 时，需要在 1h 内浇筑完毕。

二、材料的投放及混凝土的搅拌和运输

（一）材 料 的 投 放

混凝土的配合比是在实验室根据混凝土的配制强度经过试配和调整而确定的，所以称为实验室配合比。实验室配合比所用的砂、石都是在干燥的环境下确定的。而施工现场的砂、石必然含有一定水分，且含水率会随着温度等外界环境的变化发生变化。为了保障混凝土的质量，施工中应该进行配合比的调整，将现场砂、石含水率调整后的配合比称为施工配合比。

每拌制一盘混凝土所需要的各种原材料应该根据配料单称量出来。且各种材料在称量时的重量偏差不得超过下面的规定：水泥、掺合料的偏差不得多于（或少于）2%；粗、细骨料的偏差不得多于（或少于）3%；水、外加剂的偏差不得多于（或少于）2%。

为了保证称量的准确，工地上的各种衡器需定期地校验，使用之前也应进行零点校核。投料前进行配合比的调整，并将施工配合比及每次投料量挂牌公布。

（二）混凝土的搅拌

混凝土的搅拌，就是将水、水泥和粗细骨料进行均匀拌合及混合的过程。通过搅拌程序要使不同细度、形状的散装物料搅拌成混合均匀，色泽一致，具有流动性的混凝土拌合物。混凝土的搅拌可分为人工搅拌和机械搅拌两种情况。

1. 搅拌方法

（1）人工搅拌混凝土

当混凝土的用量不大又缺乏机械设备，或混凝土的强度等级要求不高的时候可以采用人工搅拌。

人工搅拌一般用铁板或包有薄钢板的木拌板，若用木制拌板应刨光、拼严，不便漏浆。人工搅拌一般采用"三干三湿"法，即先将砂倒在拌板上，稍加摊平，再把水泥倒在砂上干拌两遍，摊平加入石子再翻拌一遍，之后逐渐洒入定量的水，湿拌三遍，直至颜色一致，石子与水泥浆无分离现象为止。

人工搅拌混凝土的劳动强度大，要求的坍落度较大，否则很难搅拌均匀。当水灰比不变时，人工搅拌要比机械搅拌多耗 10%～15% 的水泥用量。

（2）机械搅拌混凝土

混凝土搅拌机按其搅拌原理分为自落式搅拌机和强制搅拌机两类。根据其构造的不同，又分为若干种。

自落式搅拌机宜于搅拌塑性混凝土。目前应用较多的为锥形反转出料搅拌机（图 2-1），它正转搅拌，反转出料，搅拌作用强烈，能搅拌低流动性混凝土。

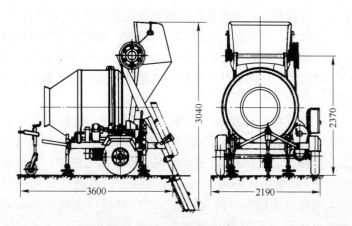

图 2-1　锥形反转出料搅拌机

　　强制式搅拌机的鼓筒是水平放置的，其本身不转动，筒内有一组叶片，搅拌时叶片绕竖轴旋转，将材料强行搅拌，直至搅拌均匀。这种搅拌机的搅拌作用强烈，适宜于搅拌干硬性混凝土和轻骨料混凝土，也可搅拌低流动性混凝土。这种搅拌机具有搅拌质量好、搅拌速度快、生产效率高、操作简便及安全等优点。但机件磨损严重，一般需要用高强度合金钢或其他耐磨材料做内衬，底部的卸料口如密封不好，水泥浆易漏掉，影响拌合质量。

　　混凝土搅拌机以其出料容量×1000 标定规格，常用的有 150L、250L、350L 等数种。

　　选择搅拌机型号，要根据工程量大小、混凝土的坍落度和骨料尺寸等确定。既要满足技术上的要求，亦要考虑经济效果和节约能源。

2. 搅拌制度

（1）投料顺序

一次投料法：向搅拌机加料时应先装砂子(或石子)，然后装入水泥，使水泥不直接与料斗接触，避免水泥粘附在料斗上，最后装入石子(或砂子)。提起料斗将全部材料倒入拌桶中进行搅拌，同时开启水阀，使定量的水均匀洒布于拌合料中。

二次投料法：混凝土搅拌二次投料法，也称先拌水泥浆法，或水泥裹砂法。即制备混凝土时将水泥和水先进行充分搅拌制成水泥净浆(或将水泥、砂、水先搅拌，制成水泥砂浆)，搅拌一分钟，然后投入石子，再进行搅拌一分钟。这种方法称为二次投料法。二次投料法搅拌出的混凝土比一次投料法搅拌出的混凝土强度可提高 10%～15% 左右。

(2) 搅拌时间

搅拌时间是指将全部材料投入搅拌筒开始搅拌起至开始卸料止所经历的时间。搅拌时间的长短直接影响混凝土的质量，一般自落式搅拌机搅拌时间不少于 90s，强制式搅拌机搅拌时间不少于 60s(见表 2-1)。

混凝土搅拌的最短时间　　单位：秒(s)　　表 2-1

混凝土坍落度/cm	搅拌机机型	搅拌机容积/L		
		小于 250	250～500	大于 500
小于及等于 3	自落式	90	120	150
	强制式	60	90	120
大于 3	自落式	90	90	120
	强制式	60	60	90

注：掺有外加剂时，搅拌时间可适当延长。

（三）混凝土的运输

1. 混凝土运输的要求

1）不分层离析。混凝土水平运输时，路要平，避免漏浆和散失水分；当垂直下落高度较大时，用溜槽、串筒；如果出现离析，浇筑前需二次搅拌。

2）有足够的坍落度。一般要求如下表 2-2。

混凝土运输的坍落度要求　　　　表 2-2

结 构 类 型	坍落度(mm)
垫层、无筋或少筋的厚大结构	10～30
板、梁、大中型截面柱	30～50
配筋密列结构(筒仓、薄壁、细柱)	50～70
配筋特密结构	70～90

3）缩短运输时间，减少转运次数。浇捣在初凝前完成。从卸出至浇完的时间限定见表 2-3。

混凝土从搅拌机中卸出后到浇筑
完毕的延续时间　单位：分钟(min)　表 2-3

混凝土强度等级	气 温	
	<25℃	≥25℃
≤C30	120	90
>C30	90	60

4）混凝土的运输要保证连续浇筑的供应。

5）保证运输器具严密、光洁，不漏浆，不吸水，经常清理。

2. 混凝土运输

混凝土运输主要分水平运输和垂直运输两方面,应根据施工方法、工程特点、运距的长短及现有的运输设备,选择可满足施工要求的运输工具。常用的运输工具有以下几种:

(1) 手推车运输

手推车是施工工地上普遍使用的水平运输工具,其种类有独轮、双轮 (图 2-2) 和三轮等多种。手推车具有小巧、轻便等特点,不但适用于一般的地面水平运输,还能在脚

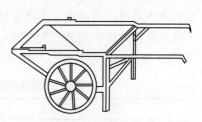

图 2-2 双轮手推车

手架、施工栈道上使用,也可与塔式起重机、井架等配合使用,满足垂直运输混凝土、砂浆等材料的需要。

(2) 机动翻斗车运输(图 2-3)

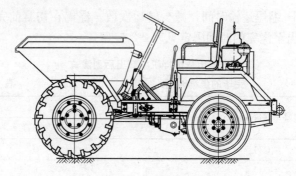

图 2-3 机械翻斗车

用柴油机装配而成的翻斗车,最大行驶速度可达每小时35km。车斗容量为 400L,载重 1t。具有轻便灵活、结构简单、转弯半径小、速度快、能自动卸料、操作维修简便等特

点，适用于短距离水平运输混凝土以及砂、石等散装材料。

（3）自卸汽车运输（图 2-4）

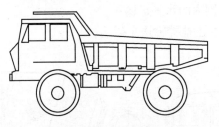

图 2-4 自卸汽车

这种后倾翻自卸汽车的特点是功率大、载重量大、车速高，适用于混凝土需要量较集中的工地。对搅拌站远离施工现场，使用这种自卸汽车运送混凝土就更加方便。

（4）井架运输机运输

主要用于高层建筑混凝土浇筑时的垂直运输，井架装有升降平台，用双轮手推车将混凝土推到升降平台上，然后提升到施工的楼层上，再将手推车沿铺在楼面上的跳板推到浇筑地点。它具有一机多用、构造简单、装拆方便等优点。起重高度一般为 25～40m。

（5）塔式起重机运输（图 2-5）

塔式起重机主要是用于大型建筑和高层建筑的垂直运输。利用塔式起重机与其他浇灌斗等机具相

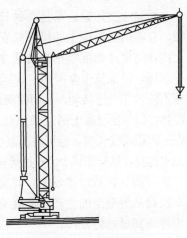

图 2-5 塔式起重机

配合，可很好地完成混凝土的垂直运输任务。工地多数选走式塔式起重机。它的工作幅度大，既能解决垂直运输，还可解决一定范围内的水平运输。

（6）混凝土搅拌输送车运输（图 2-6）

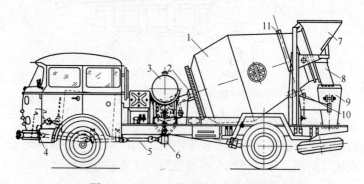

图 2-6　JY-3000 型混凝土搅拌运输车

1—搅拌筒；2—轴承座；3—水箱；4—分动箱；5—传动轴；6—下部伞齿轮箱；
7—进料斗；8—卸料槽；9—引料槽；10—托轮；11—滚道

混凝土搅拌输送车是一种长距离输送混凝土的高效能机械。它将运送混凝土的搅拌筒安装在汽车底盘上，而以混凝土搅拌站生产的混凝土拌合物灌装入搅拌筒内，直接运至施工现场，供浇筑作业需要。在运输途中，混凝土搅拌筒始终在不停地作慢速转动，从而使筒内的混凝土拌合物可连续得到搅拌，以保证混凝土通过长途运输后，仍不致产生离析现象。在运输距离很长时，也可将混凝土干料装入筒内，在运输途中加水搅拌，这样能减少因长途运输而使混凝土坍落度发生变动。

目前，在城市建设中，要求建立大型的集中搅拌站以及发展商品混凝土的生产，混凝土搅拌运输车高效、优质的作用将得到最好地发挥。

（7）混凝土泵送运输（见图 2-7～图 2-9）

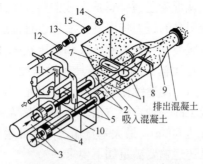

图 2-7　液压活塞式混凝土泵

1—混凝土缸；2—混凝土活塞；3—液压缸；4—液压活塞；5—活塞杆；
6—受料斗；7—吸入端水平片阀；8—排出端竖直片阀；9—Y 形输送管；
10—水箱；11—水洗装置换向阀；12—水洗用高压软管；13—水洗用法兰；
14—海绵球；15—清洗活塞

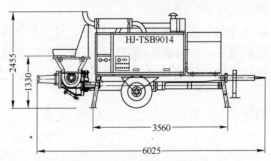

图 2-8　固定式混凝土输送泵

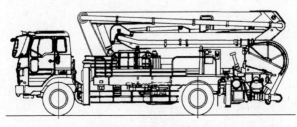

图 2-9　混凝土汽车泵

将混凝土从混凝土搅拌运输车或贮料斗中卸入混凝土泵的料斗后，利用泵的压力将混凝土沿管道直接送到浇筑地点的机械，其机械类型可分为液压式和挤压式两种。它可同时完成水平和垂直运输。混凝土泵具有输送能力大、速度快、高效率、省人力、能连续作业等特点。因此，它已成为施工现场运输混凝土的一种重要方法。当前，混凝土泵的最大水平输送距离可达 600m，最大垂直输送高度可达 200m。

混凝土泵送运输要满足如下要求：

1）粗骨料粒径：碎石不大于 1/3 管径；卵石不得大于 2/5 管径。

2）砂率：保证在 40%～50%之间。

3）最小水泥用量：300kg/m³。

4）坍落度：80～180mm。

5）掺外加剂：高效减水剂、流化剂，增加和易性。

6）保证供应，连续输送（超过 45 分钟间歇应清理管道）。

7）用前润滑，用后清洗，减少转弯，防止吸入空气产生气阻。

8）由于水泥用量较大，需仔细养护防龟裂。

三、混凝土的浇筑

（一）浇筑前的准备工作

1）对模板和支架、钢筋和预埋件进行检查记录。

2）准备和检查材料、机具、运输道路。

3）清除模板内垃圾、泥土及钢筋上的油污，木模板在浇筑前要浇水润湿并且保证没有积水，模板上的洞孔缝隙要事先封堵。

4）听从相关管理人员进行安全教育和技术指导，振捣手要明确位置。

5）浇筑之前，应检验其坍落度，泵送施工时更应检查。

6）冬期施工要检查供热、保温材料、设备等。

（二）混凝土的浇筑

1. 混凝土的浇筑

（1）混凝土浇筑的要点

1）浇筑：为了保证混凝土浇筑时不产生离析现象，混凝土自高处倾落时的自由倾落高度不宜超过 2m。若混凝土自由下落高度超过 2m，要沿溜槽或串筒下落，如图 3-1 和图 3-2 所示。当混凝土浇筑高度超过 8m 时，则应采用节管的振动串筒，即在串筒上每隔 2～3 节管安装一台振动器，如图 3-3 所示。

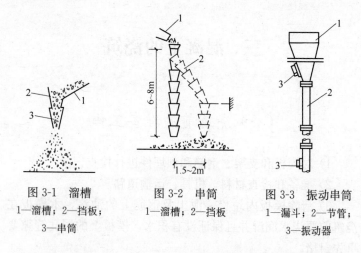

图 3-1　溜槽
1—溜槽；2—挡板；
3—串筒

图 3-2　串筒
1—溜槽；2—挡板

图 3-3　振动串筒
1—漏斗；2—节管；
3—振动器

2) 分层浇筑：为了使混凝土振捣密实，必须分层浇筑。每层浇筑厚度与捣实方法、结构的配筋情况有关。

3) 竖向结构的浇筑：在竖向结构（如墙、柱）中浇筑混凝土，若浇筑高度超过 2m 时，应采用溜槽或串筒。墙、柱等竖向构件浇筑前，先垫 50～100mm 厚水泥砂浆，这样混凝土结合良好，可避免产生烂根、蜂窝麻面现象。竖向构件与水平构件连续浇筑时，应待竖向构件初步沉实后（约 1～1.5h）再浇水平构件。

4) 连续作业：混凝土的浇筑工作应尽可能连续作业，如必须间歇作业，其间歇时间应尽量缩短，并要在前层混凝土凝结（终凝）前，将次层混凝土浇筑完毕。间歇的最长时间应按水泥品种及混凝土凝结条件确定，混凝土从搅拌机中卸出，经运输和浇筑完毕的延续时间不得超过表 3-1 规定。

混凝土浇筑中的最大间歇时间 单位：分钟(min) **表 3-1**

混凝土强度等级	气 温	
	≤25℃	>25℃
≤C30	210	180
>C30	180	150

5) 经常观察：浇筑混凝土时，应经常观察模板、支架、钢筋、预埋件和预留孔洞的情况，当发现有变形、移位时立即停止浇筑，并在已浇筑的混凝土凝结前修整完好。

6) 遇雨雪天气，不浇筑混凝土。

(2) 混凝土浇筑时施工缝的留设位置及处理

由于技术上的原因或设备、人力的限制，混凝土的浇筑不能连续进行，中间的间歇时间预计将超过表 3-1 的要求时，应听从现场管理人员安排，根据指导来留置施工缝。这是因为新旧混凝土的结合能力差，如果位置不当，处理得不好，就会开裂、漏水，甚至危及安全，发生事故。通常留设的位置如下：

1) 柱子留设在基础的顶面，梁或吊车梁牛腿的下面，吊车梁的上面，无梁楼板柱帽的下面和板连成整体的大断面梁。留设在板底面下 20～30mm 处，当板下有梁托时，留设在梁托下部。

2) 单向板，留置在平行于板的短边的任何位置。

3) 有主次梁的楼板，宜顺着次梁方向浇筑，施工缝应留置在次梁跨度中间 1/3 的范围内。

4) 双向受力楼板、厚大结构、拱、薄壳、多层刚架及复杂结构，施工缝的位置应按照设计要求留置。

施工缝的处理要点如下：

1) 由相关工作人员鉴定，保证先浇的混凝土强度不低于 1.2N/mm² 才可继续浇筑。

2）在已经硬化的混凝土表面上继续浇筑混凝土之前，应清除垃圾、水泥薄膜、表面上松动砂石和软弱混凝土层。同时还应加以凿毛，用水冲洗干净并充分湿润，残留在混凝土表面的积水应清除。

3）注意在施工缝位置附近回弯钢筋时，做到钢筋周围的混凝土不受松动和损坏。钢筋上的油污、水泥砂浆及浮锈等杂物也应清除。

4）在浇筑前，水平施工缝宜先铺上 10～15mm 厚的水泥砂浆一层，其配合比与混凝土内的砂浆成分相同。

5）浇筑混凝土时细致捣实，令新旧混凝土紧密结合。

2. 混凝土的振捣

混凝土的振捣方法主要有人工振捣法和机械振捣法。

（1）机械振捣

机械振捣的设备主要有内部振动器、表面振动器、外部振动器及振动台等四类，如图 3-4 所示。

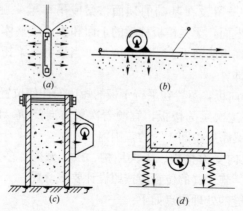

图 3-4 几种振动设备

（a）内部振动器；（b）表面振动器；（c）外部振动器；（d）振动台

1) 内部振动器(振捣棒)：适用于大体积混凝土、基础、柱、梁、墙、厚度较大的板、预制构件等。

振捣棒的振捣方法有两种(见图3-5)：一种是垂直振捣，即振捣棒与混凝土表面垂直；一种是斜向振捣，即振捣棒与混凝土表面成一定角度(40°～45°)。振捣棒操作时，要做到"快插慢拔"。对于硬性混凝土，有时还要在振捣棒抽出的位置不远处，再将振动棒重新插入才能填满空洞。在振捣过程中，宜将振捣棒上下略为抽动，以使上下振捣均匀。混凝土分层浇筑时，每层混凝土厚度应不超过振捣棒长的1.25倍；在振捣上一层时，应插入下层中5～10cm，以消除两层之间的接缝(见图3-6)，同时在振捣上层混凝土时，要在下层混凝土初凝之前进行。

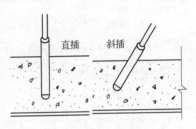

图 3-5 振捣棒的插入方向

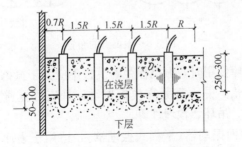

图 3-6 振捣棒的插入深度

注：图中 R 为振动棒作用半径。

每一插点要掌握好振捣时间，过短不易捣实，过长可能引起混凝土离析现象，对塑性混凝土尤其要注意。一般每点振捣时间为20~30s，使用高频振动器(图3-7)时，最短不应少于10s，但应视混凝土表面成水平不再显著下沉，不再出现气泡，表面泛出灰浆为准。

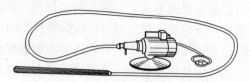

图 3-7　行星高频插入式振动器(高频)

振捣棒插点要均匀排列，可采用"行列式"或"交错式"(见图3-8)的次序移动，不应混用，以免造成混乱而发生漏振。

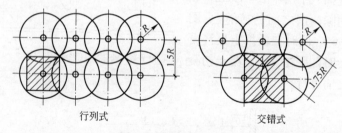

行列式　　　　　　　　交错式

图 3-8　振捣点的布置

振捣棒使用时，振捣棒距离模板不应大于振捣棒作用半径的0.7倍，并不宜紧靠模板振动，且应尽量避免碰撞钢筋、芯管、吊环、预埋件等。

2) 表面振动器(平板式振动器)：适用于表面大而平整的结构物，如地面、平板、屋面，见图3-9。

表面振动器在每一位置上应连续振动一定时间，一般情况下为25~40s，以混凝土面均匀出现浆液为准，移动时应成排依次振动前进，前后位置和排与排间相互搭接应有3~

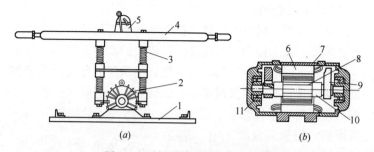

图 3-9 平板式振动器构造示意图

1—振动底板；2—电动振子；3—缓冲弹簧；4—手柄；5—开关；
6—定子；7—机壳；8—转子；9—偏心块；10—转轴；11—轴承

5cm，防止漏振。表面式振捣器的作用厚度有限，一般来讲，无筋或单筋平板的有效厚度为 20cm，在双筋平板中有效厚度大约为 12cm。大面积混凝土地面，可采用两台振动器以同一方向向高处移动，以保证混凝土振实。

3）外部振动器（附着式振动器）：仅适用于钢筋较密、厚度小不宜采用插入式振动器的构件。

外部振动器的振动作用深度在 25cm 左右，如构件尺寸较厚时，需在构件两侧安设振动器同时进行振捣。待混凝土入模后方可开动振动器，混凝土浇筑高度要高于振动器安装部位。当钢筋较密和构件断面较深、较窄时，也可采取边浇筑边振动的方法。一般每隔 1～1.5m 设置一个振动器。当混凝土成一水平面不再出现气泡时，可停止振动。

4）振动台：适用于混凝土预制构件的振捣。

当混凝土构件厚度小于 20cm 时，可将混凝土一次装满后振动，如厚度大于 20cm，则需分层浇筑，每层厚度不大于 20cm，或随浇随振。混凝土表面水平并出现均匀的水泥浆和不再冒气泡时，表示已振实。

（2）人工振捣

人工振捣一般只是在缺少振动机械和工程量很小的情况下才采用。人工振捣多采用流动性较大的塑性混凝土。人工浇筑混凝土时应注意布料均匀，保证浇筑层的厚度。为了保证浇筑质量，必须用捣棍捣实，或者用木锤轻轻敲击模板外侧，使混凝土尽快密实。捣实时，以 1～2m 的间距分别将捣棍插入模板内混凝土中，并随着混凝土浇筑面的上升而全面地把每个角落进行捣实；采用敲击方法时，混凝土每浇筑 10cm 厚度左右就敲击下部模板，使其充分沉实。对柱角处、柱侧面、钢筋密集处、主钢筋底部、模板阴角处以及施工缝接合处，应特别振捣。

人工振捣所使用的工具有三大件：锤、钎和铲，如图 3-10 所示。

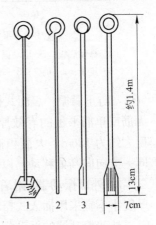

图 3-10　人工振捣工具
1—捣固锤；2—捣固钎；
3—捣固铲

（3）免振捣自密实混凝土技术

免振捣自密实混凝土是高性能混凝土的一种。其最主要的性能是混凝土拌合物加入外加剂后流动性特别好，能够在自重下不用振捣，自行填充模板内的空间，形成密实的混凝土结构。此外，它还具有良好的力学性能与耐久性能。

四、混凝土的养护及缺陷修补

（一）混凝土的几种养护形式

1. 自然养护

（1）喷水养护

覆盖浇水养护在自然气温高于 5℃ 的条件下采用，用草袋、麻袋、锯木等覆盖混凝土，在上面经常浇水使其保持湿润。普通混凝土浇筑完毕，应在 12h 内加以覆盖并浇水，浇水次数以能保证混凝土足够的湿润状态为宜。一般气候条件下，在浇筑后最初 3 天内，白天每隔 2h 浇水一次，夜间至少浇水 2 次，在以后的养护期内，每昼夜至少浇水 4 次。在干燥的气候条件下，浇水次数应适当增加，浇水养护期长短一般以混凝土强度达到标准强度的 60％ 左右为宜。

一般情况下，硅酸盐水泥、普通硅酸盐水泥和矿渣硅酸盐水泥拌制的混凝土，其养护时间不应少于 7 天；火山灰质硅酸盐水泥及粉煤灰硅酸盐水泥拌制的混凝土，其养护时间不应少于 14 天；矾土水泥拌制的混凝土，其养护的时间不应少于 3 天；掺用缓凝剂或有抗渗要求的混凝土，其养护时间不应少于 14 天。其他品种水泥拌制的混凝土，其养护时间应根据水泥的技术性质确定。

（2）喷膜养护

喷膜养护是将塑料溶液喷洒在混凝土表面上，溶液中水分挥发后，塑料留在混凝土表面上结成一层薄膜，使混凝土与外界空气隔离，混凝土中的蒸发水分不能蒸发外逸，成为养护用水。喷膜养护适宜于混凝土表面不便浇水的大面积的地坪、楼板、路面或缺水地区。

喷膜养护工艺要求如下：

1）养护液配制：养护液可采用 LP-37 塑料薄膜养护液，与水的配合比需按说明书确定，通常为 1∶1。亦可用粗苯或溶剂油自行配制。但配合比应根据原料性质、温度、喷洒工具性能等条件在施工时调整。喷膜溶液配合比可参考表 4-1。

喷膜溶液配合比   表 4-1

溶剂种类	配合比（重量比%）				
	粗苯	溶剂油	过氯乙烯树脂	苯二甲酸二丁酯	丙酮
粗　苯	86	—	9.5	4	0.5
溶剂油	—	87.5	10	2.5	—

配制溶液时应该注意的问题见表 4-2。

配制溶液的注意事项   表 4-2

序号	注　意　事　项
1	溶液的原材料易燃，使用前应分别存放
2	配制前应检查原材料和容器：(1)如树脂受潮应晒干；(2)溶剂如已水化，可用氢氧化钠脱水；(3)容器应清洁，无油污及铁锈，并加盖防蒸发
3	先将溶剂倒入容器内，然后加入过氯乙烯树脂，边加边搅拌，之后每隔半小时搅拌一次，直至树脂完全溶解为止。如树脂长时间不溶，可加适量丙酮。最后加入苯二甲酸二丁酯，边加边搅拌，均匀后即可使用

2) 喷洒工艺(见表4-3)：

喷洒工艺　　　　表4-3

序号	要　　点
1	喷洒时间应掌握在混凝土初凝后表面无浮水、手压无印痕为好。过早时会影响薄膜与混凝土表面的结合，过迟则混凝土水分蒸发过多，影响水化作用
2	喷洒时容罐压力掌握在0.2～0.3MPa左右，压力过小不易形成雾状，压力过大会损坏混凝土表面
3	喷洒时喷头离混凝土表面约50cm为宜，喷洒厚度以溶液耗用量控制，一般约2.5kg/m²，要求厚薄均匀。待第一遍成膜后再喷第二遍，前后两遍喷洒方向应互相垂直，以防漏喷
4	喷完后必须保持喷膜的完整性，不得在膜上拉扯工具、硬物、胶管等，更不得来回行走。如发现损坏，应及时补喷
5	喷洒工作完成后，应将所有设备工具清洗干净，避免腐蚀、堵塞

3) 喷膜养护的设备及缺点(见表4-4、表4-5)：

喷洒设备及机具　　　　表4-4

名　称	规　格	数　量	配　件
空气压缩机	0.18～0.6m³，工作压力0.4～0.5MPa，双闸门	1台	配电动机
高压容罐	0.5～1.0m³，6～8大气压	1～2台	压力表、气阀、安全阀均为φ12.7，0.4、0.6MPa
高压橡胶管	φ12.7(乙炔氧焊胶管)	视场地而定	
喷具	φ12.7(喷漆或农药喷枪)	1～2副	

喷膜养护的缺点   表 4-5

序号	缺　　点
1	28 天龄期强度偏低约 8％左右
2	喷膜养护起不到防寒隔热作用，必要时仍需覆盖以促进初期强度，否则将出现丝状裂纹
3	粗苯及丙酮均为有毒易燃品，由配料至喷洒均应注意防护

（3）太阳能养护

太阳能是一种取之不尽、用之不竭、没有公害和污染的巨大自然能源。用塑料薄膜作为覆盖物，四周用砖石等物压紧，使其不漏风即可，也可以用塑料薄膜罩在构件上，混凝土在薄膜内靠本身的水分和透过薄膜集聚的太阳热量，使混凝土发生水化作用。利用太阳能养护，成本低、操作简单、质量好，强度均匀，比浇水自然养护有一定的优越性。

2. 加热养护

（1）蒸汽养护

蒸汽养护是缩短养护时间的有效方法之一。混凝土在较高温度和湿度条件下，能够迅速达到所要求的强度。

构件在浇筑成型后先静停 2～6 小时，再进行蒸汽养护，目的是增强混凝土在升温阶段对结构产生破坏作用的抵抗能力，升温的速度不能太快，防止混凝土因表面体积膨胀太快而产生裂缝，一般控制为 10～25℃/h（干硬性混凝土为 35～40℃/h）。

温度上升到一定温度后应恒温一段时间，以保证混凝土的强度增长。恒温的温度随水泥品种不同而异，普通水泥的养护温度不得超过 80℃；矿渣水泥、火山灰质水泥可提高到

90～95℃。恒温时间一般为 5～8 小时，恒温加热阶段应保持 90%～100%的相对湿度。

经蒸汽养护的混凝土降温不能过快，如降温过快，混凝土会产生表面裂缝，因此降温速度应加控制。一般情况下，构件厚度在 100mm 左右时，降温速度为 20～30℃/h。

为避免蒸汽温度升降引起混凝土构件产生裂缝变形，必须严格控制升温和降温的速度。出槽的构件温度与室外温度相差不得大于 40℃，当室外为负温度时，相差不得大于 20℃。

（2）远红外线养护

远红外线加热可以用电、煤气、液化气、蒸汽等为热源。基本原理是在散热器表面涂刷远红外线辐射材料，涂料分子受热后，便向四周发射电磁波，电磁波被混凝土吸收，成为分子运动动能，引起混凝土内部的分子振荡，从而使混凝土的温度能内外同步升高，从而达到养护的目的。

用远红外线养护混凝土，可以使混凝土内部温度均匀升高，取得养护时间短、强度高、节约能源等效果。

（3）电热养护

电热养护可分为直接加热法和间接加热法。直接加热法即电极法，一般采用圆钢或薄钢板做成电极，将电流输入电极，电流通过混凝土中的游离水，构成电流回路，因混凝土中有一定的电阻值，从而产生热量。一般电极法多应用在混凝土浇筑的早期，以达到提早拆模的目的。间接加热法有工频涡流加热法及电热毯保温法等，多用于冬期施工。

目前我国电力紧张，在用其他养护方法困难时，才选用电热养护。

（二）混凝土表面缺陷的修补

1. 表面抹浆修补

对于数量不多的小蜂窝、麻面、露筋、露石的混凝土表面，主要是保护钢筋和混凝土不受侵蚀，可用 1：2～1：2.5 水泥砂浆抹面修整。在抹砂浆前，须用钢丝刷或高压水清洗润湿，抹浆初凝后要加强养护工作。

对结构构件承载能力无影响的细小裂缝，可将裂缝处加以冲洗，用水泥浆抹补。如果裂缝开裂较大较深时，应将裂缝附近的混凝土表面凿毛，或沿裂缝方向凿成深为 15～20mm、宽为 100～200mm 的 V 形凹槽，扫净并洒水湿润。先刷水泥净浆一层，然后用 1：2～1：2.5 水泥砂浆分 2～3 层涂抹，总厚度控制在 10～20mm 左右，并压实抹光。

2. 细石混凝土填补

当蜂窝比较严重或露筋较深时，应除掉附近不密实的混凝土和突出的骨料颗粒，用清水洗刷干净并充分润湿后，再用比原强度等级高一级的细石混凝土填补，并仔细捣实。

对孔洞事故的补强，可将孔洞处疏松的混凝土和突出的石子剔凿掉，孔洞顶部要凿成斜面，避免形成死角，然后用水刷洗干净，保持湿润 72h 后，用比原混凝土强度等级高一级的细石混凝土捣实。混凝土的水灰比宜控制在 0.5 以内，并掺水泥用量万分之一的铝粉，分层捣实，以免新旧混凝土接触面上出现裂缝。

3. 水泥灌浆与化学灌浆

对于影响结构承载力、防水、防渗性能的裂缝，为恢复结构的整体性和抗渗性，应根据裂缝的宽度、性质和施工条件等，采用水泥灌浆或化学灌浆的方法予以修补。一般对宽度大于 0.5mm 的裂缝，可采用水泥灌浆；宽度小于 0.5mm 的裂缝，宜采用化学灌浆。化学灌浆所用的灌浆材料，应根据裂缝性质、缝宽和干燥情况选用。作为补强用的灌浆材料，常用的有环氧树脂浆液（修补缝宽 0.2mm 以上的干燥裂缝）和甲凝（修补 0.05mm 以上的干燥细微裂缝）等。作为防渗堵漏用的灌浆材料，常用的有丙凝（能灌 0.01mm 以上的裂缝）和聚氨酯（能灌入 0.015mm 以上的裂缝）。

五、几种重要构件的浇筑、振捣、养护和质量分析

（一）混凝土柱

1. 混凝土的浇筑

当柱高不超过 3m，柱断面大于 40cm×40cm 且又无交叉箍筋时，混凝土可由柱模顶部直接倒入。当柱高超过 3m，必须分段浇筑，但每段的浇筑高度不得超过 3m。柱子断面在 40cm×40cm 以内或有交叉箍筋的任何断面的混凝土柱，均应在柱模侧面的门子洞口上装置斜溜槽，分段浇筑混凝土，每段的高度不得大于 2m。如果柱子的箍筋妨碍斜溜槽的装置，可将箍筋一端解开向上提起，待混凝土浇筑后，门子板封闭前将箍筋重新按原位置绑扎，并将门子板封上，用柱箍夹紧。使用斜溜槽下料时，可将其轻轻晃动，使下料速度加快。采用竖向串筒、溜管导送混凝土时，柱子的浇筑高度可不受限制。

混凝土浇筑前，柱基表面应先填以 50～100mm 厚与混凝土内砂浆成分相同的水泥砂浆，然后再浇筑混凝土。

柱子在分段浇筑时，必须分层浇筑混凝土。分层浇筑时切不可一次投料过多，否则会影响质量。

在浇筑断面尺寸狭小且混凝土柱又较高时，为防止混凝

土浇至一定高度后，柱内聚积大量浆水而造成混凝土不均的现象，在浇筑至一定高度后，可听从工程师指挥适量减少混凝土配合比的用水量。

浇筑一排柱子的顺序应从两端同时开始同时向中间推进，不可从一端开始向另一端推进。

2. 混凝土柱的振捣

1）柱子混凝土一般用振捣棒。当振捣棒的软轴比柱子长 0.5～1m 时，待下料达到分层厚度后，即可将振捣棒的顶部伸入混凝土层内进行振捣；当振捣棒的软轴短于柱高时，则应从柱模侧面的门子洞进行振捣。振动器插入下一层混凝土中的深度不小于 50mm，以保证上下混凝土结合处的密实性。

2）当柱子的断面较小且配筋较为密集时，可将柱模一侧全部配成横向模板，从下至上，每浇筑一节就封闭一节模板，便于混凝土振捣密实。

3. 混凝土柱的养护

混凝土柱子在常温下，宜采用自然养护。常采用直接浇水养护的方法。对硅酸盐水泥、普通水泥和矿渣水泥拌制的混凝土，浇水日期不得少于 7 天。对其他品种的水泥制成的混凝土的养护日期，应根据水泥技术性质决定。若当日的平均气温低于 5℃时，不得浇水。

4. 混凝土柱浇筑施工中常出现的质量事故及防治

（1）柱底混凝土出现"烂根"的质量问题

除柱基表面应平整外，柱模安装时，柱模与基础表面的缝隙应用木片或水泥袋纸填堵，以防漏浆。

柱混凝土浇筑前，须在柱底预先铺设 50～100mm 厚的与混凝土成分相同的砂浆，并按正确方法卸料，可防止"烂根"现象的发生。

混凝土分层浇筑时，一次卸料不可过多，分层浇筑完毕后，应轻轻敲击模板，听声音观察混凝土柱底部是否振捣密实。

振捣时间过长，造成混凝土内石子下沉，水泥浆上浮。故此，必须掌握好每个插点的振捣时间，以避免因振捣时间过长使混凝土产生离析。

(2) 柱边角严重漏石的质量问题

柱模板边角拼装时缝隙过大，混凝土振捣时跑浆严重，使柱子边角严重漏石。对此情况，模板拼装时，边角的缝隙应用水泥袋纸或纸筋灰填塞，柱箍间距应缩小。同时在模板制作时宜采用阶梯缝搭接，减少漏浆。

浇筑时应严格控制每一盘的混凝土配合比，下料时采用串筒或斜溜槽，避免混凝土发生离析。

插点位置未掌握好或振捣棒振捣力不足，以及振捣时间过短，也会造成边角漏石。因此，振动器应预先找好振捣位置，再合闸振捣，同时掌握好振捣时间。

(3) 柱子顶端出现较厚的砂浆层的质量问题

柱子浇筑到顶端时，柱上部出现较厚的砂浆层，造成此种现象的主要原因是：混凝土经过振捣后，其中的石子失去了相互间的摩擦力和粘着力，靠自重下沉而使砂浆上挤；另一方面柱底预先铺设的砂浆层因振捣也往上浮，致使柱上部的砂浆就愈加多。因此，柱底预先铺设的砂浆不宜过厚，满足需要就行。由于砂浆层中少石子，其混凝土强度较设计强度低。为加强这个薄弱部位，应在柱顶砂浆层中加入一定数量的同粒径的洁净石子，然后再振捣。

(4) 柱垂直度发生偏移的质量问题

单根柱浇筑后其垂直度发生偏移的主要原因是：混凝土在浇筑中对柱模产生侧压力，如果柱模某一面的斜向支撑不牢固、发生下沉，就会造成柱垂直度发生偏移。因此，柱模在安装过程中，支撑一定要牢固可靠。

浇筑一排柱子时发生垂直度偏移，主要是浇筑顺序不正确。其正确的浇筑顺序应从两端同时开始向中间推进，不可从一端开始向另一端推进。因为浇筑混凝土时，由于模板吸水膨胀、断面增大，而产生横向推力，如逐渐积累到另一端，则这一端最后浇筑的柱子将发生弯曲变形和垂直度的偏移。

（5）柱与梁连接处混凝土"脱颈"的质量问题

浇筑柱、梁整体结构时，应在柱混凝土浇筑完毕后，停歇2小时，使其初步沉实后，再继续浇筑梁混凝土。如果柱、梁混凝土连续浇筑，其连接处混凝土会产生"脱颈"的质量事故。此外，混凝土柱的施工缝应设置在基础表面和梁底下部20～30mm。

（二）混 凝 土 墙

1. 混凝土墙的浇筑

墙体混凝土浇筑时应遵循先边角后中部、先外部后内部的过程，以保证外部墙体的垂直度。

高度在3m以内且截面尺寸较大的外墙与隔墙，可从墙顶向模板内卸料。卸料时须安装料斗缓冲，以防混凝土离析。对于截面尺寸狭小且钢筋较密集的墙体，以及高度大于3m的任何截面墙体混凝土的浇筑，均应沿墙高度每2m开设门子洞口，用卸料槽卸料。

浇筑截面较窄且深的墙体混凝土时，为避免混凝土浇筑到一定高度后，由于积聚大量浆水，而可能造成混凝土强度不均匀的现象，宜在浇至适当高度时，适量减少混凝土的用水量。

墙壁上有门、窗及工艺孔洞时，宜在门、窗及工艺孔洞两侧同时对称下料，以防将孔洞模板挤扁。

墙模浇筑混凝土时，应先在模底铺一层厚度约 50～80mm 的与混凝土成分相同的水泥砂浆，再分层浇筑混凝土。

2. 混凝土墙的振捣

对于截面尺寸厚大的混凝土墙，可使用振捣棒振捣。一般钢筋较密集的墙体，可采用附着式振动器振捣，其振捣深度为 25cm 左右。当墙体截面尺寸较厚时，也可在两侧悬挂附着式振动器振捣。

墙体混凝土应分层浇筑，分层振捣。上层混凝土的振捣需在下层混凝土初凝前进行，同一层段的混凝土应连续浇筑，不宜停歇。

使用振捣棒，如遇门、窗洞口时，应两边同时对称振捣，避免将门、窗洞口挤偏。同时不得用振动器的棒头猛击预留孔洞、预埋件和闸盒等。

对于设计有方形孔洞的整体，为防止孔洞底模下出现空鼓，通常浇至孔洞标高后，再安装模板，继续向上浇筑混凝土。

墙体混凝土使用振捣棒时，如振捣棒软轴较墙高长时，待下料达到分层厚度后，可将振动器从墙顶伸入墙内振捣。如振捣棒较墙高短时，应从门子洞伸入墙内振捣。为避免振动器棒头撞击钢筋，宜先将振捣棒找到振捣位置后，再合闸振捣。使用附着式振动器振捣时，可分层浇筑、分层振捣，也可边浇筑、边振捣。

3. 混凝土墙的养护

墙体混凝土在常温下，宜采用浇水养护，养护的时间和方法同柱子混凝土。

外墙角、墙垛、结构节点处因钢筋密集，可用带刀片的振捣棒振捣，用人工捣固配合在模板外面用木槌轻轻敲打的办法，保证混凝土密实。

（三）肋 形 楼 板

1. 肋形楼板混凝土的浇筑

1) 有主次梁的肋形楼板，混凝土的浇筑方向应顺次梁方向，主次梁同时浇筑。在保证主梁浇筑的前提下，将施工缝留置在次梁跨中 1/3 的跨度范围内。

2) 当采用小车或料斗运料时，宜将混凝土料先卸在铁拌盘上，再用铁锹往梁里浇筑混凝土。浇筑时一般采用"带浆法"下料，即铁锹背靠着梁的侧模向下倒。在梁的同一位置的两侧各站 1 人，一边一锹均匀下料。

3) 浇筑楼板混凝土时，可直接将混凝土料卸在楼板上。但须注意，不可集中卸在楼板边角或有上层构造钢筋的楼板处。同时还应注意小车或料斗的浆料，将浆多石少或浆少石多的混凝土料均匀搭配，楼板混凝土的虚铺高度可比楼板厚度高出 20~25cm 左右。

2. 肋形楼板混凝土的振捣

当梁高度大于 1m 时，可先浇筑主次梁混凝土，后浇筑楼板混凝土，其水平施工缝留置在板底以下 20~30mm 处。

当梁高度大于 0.4m 且小于 1m 时，应先分层浇筑梁混凝土，待梁混凝土浇筑至楼板底时，梁与板再同时浇筑。

当梁的钢筋较密集，采用振捣棒振捣有困难时，机械振捣可与人工"赶浆法"捣固相配合。具体操作方法是：

从梁的一端开始，先在起头约 600mm 长的一小段里铺一层厚约 15mm 与混凝土内成分相同的水泥砂浆，然后在砂浆上下一层混凝土料，由两人配合，人站在浇筑混凝土前进方向一端，面对混凝土使用振捣棒振捣，使砂浆先流到前面和底部，以便让砂浆包裹石子，而另一人站在后边，面朝前进方向，用捣扦靠着侧模及底模部位往回钩石子，以免石子挡住砂浆往前跑，捣固梁两侧时捣扦要紧贴模板侧面。待下料延伸至一定距离后再重复第二遍，直至振捣完毕。

在浇捣第二层时可连续下料，不过下料的延伸距离略比第一层短些，以形成阶梯形。

对于主次梁与柱结合部位，由于梁上部钢筋特别密集，振捣棒无法插入，此时可将振动棒从上部钢筋较稀疏的部位斜插入梁端进行振捣。所以，当截面较高时，梁下部也不易振捣密实。这种情况下必须加强人工振捣，以保证混凝土密实。该部位混凝土浇筑有困难时可改用细石混凝土浇筑。

浇筑楼板混凝土时宜采用平板振动器，当浇筑小型平板时也可采用人工捣实，人工捣实用带浆法操作时由板边开始，铺上一层厚度为 10mm、宽约 300～400mm 的与混凝土成分相同的水泥砂浆。此时操作者应面向来料方向，与浇筑的前进方向一致，用铁铲采用反铲下料。混凝土表面的修整板面如需抹光的，先用大铲将表面拍平，局部石多浆少的，另需补浆拍平，再用木抹子打搓，最后用铁抹子压光。对因木撅子取出后而留下的洞眼，应用混凝土补平拍实后再收光。

3. 混凝土的养护

常温下，肋形楼板混凝土初凝后即可用草帘、草袋覆盖，终凝后浇水养护，浇水次数以保证覆盖物经常湿润为准。肋形楼板由于面积较大且平，也可采用围水养护，即在板四周用黏土筑成小埂，将水蓄在混凝土表面以达到养护的目的。养护时间：用硅酸盐水泥、普通水泥、矿渣水泥拌制的混凝土，在常温下不少于 7 天，其他水泥拌制的混凝土，其养护时间视水泥特性而定。

4. 肋形楼板混凝土浇筑施工中常出现的质量事故及防治

（1）柱顶与梁、板结合处出现裂缝的问题

柱与梁、板整体现浇时，如柱混凝土浇筑完毕后，立即进行梁、板混凝土的浇筑，会因柱混凝土未凝结，而产生柱沿长度方向的体积收缩和下沉，造成柱顶与梁、板底结合处混凝土出现裂缝。因此，正确的浇筑方法应先浇筑柱混凝土，待浇至其顶端部位时（一般在梁板底下约 2～3cm 处），静停 2 小时后，再浇筑梁、板混凝土。同时也可在该部位留置施工缝，分两次浇筑。总之，柱与梁、板整体现浇时，不宜将柱与梁、板结构连续浇筑。

（2）柱、梁混凝土结合部出现蜂窝、孔洞的问题

在浇筑柱与主梁、次梁交接的结合部位时，这些部位的钢筋较密集，特别是结合部上部因其主筋交叉集中，使混凝土无法浇筑、插入式振动器插振困难，稍不注意就会发生因浇捣不密实而产生蜂窝、孔洞的质量事故。因此在浇筑这些部位时，可改用细石混凝土浇筑，用带刀片的振捣棒振捣。或采用"带浆法"下料，即用铁锹背靠着梁的侧模对称下料，用"赶浆法"人工捣固。

（3）梁及板底部出现麻面的问题

表面粗糙或重复使用的模板表面未清理干净，粘有干硬的水泥浆，拆模时，混凝土表面被粘损而出现麻面。因此，模板在安装前，表面应清理干净。

木模板在混凝土浇筑前未浇水湿润或湿润不充分，使模板与混凝土接触处的水分被模板吸收，混凝土表面因失水过多而出现麻面。因此，木模板在浇筑前应浇水充分湿润。

钢模板表面隔离剂的涂刷不均匀或漏刷，拆模时混凝土面粘结模板而产生麻面。因此，隔离剂的涂刷应仔细认真，切不要当可有可无的工作去做。

振捣不密实，混凝土中的气泡未排出，一部分气泡停留在模板表面，形成麻面。因此，混凝土振捣时，应掌握好振捣时间，充分振捣，以混凝土表面泛浆、无气泡为准。

楼板混凝土浇筑过程中，操作人员踩踏钢筋，使钢筋紧贴模板，拆模后出现漏筋。因此，操作时必须注意，切忌踩踏钢筋。

（四）混凝土基础

基础是建筑物作为重要的承重部分之一，它属于隐蔽工程。在地基上浇筑混凝土前，应再次对地基的设计标高、断面尺寸和轴线进行校正，并清除淤泥和杂物，同时注意排水，以防冲刷新浇筑的混凝土。

1. 柱基础的浇筑

台阶式基础施工时，可按台阶分层一次浇筑完毕（预制柱的高杯口，基础的高台部分应另行分层），不允许留设施工缝。每层混凝土要一次卸足，顺序是先边角后中间，务必使砂浆充满模板。浇筑台阶式柱基时，为防止垂直交角处可能出现吊脚(上层台阶与下层混凝土脱空)现象，可采取以下措施：在第一级混凝土捣固下沉2～3cm后暂不填平，继续浇捣第二级(上层)，先用铁锹沿第二级模板底圈做成内外坡，然后再分层浇筑。外圈边坡混凝土待第二级振捣过程中自动摊平，第二级混凝土浇捣后，再将下层混凝土齐侧模上口拍实抹平［见图5-1(*a*)］。捣完下层后拍平表面，在上层侧模外先压上20cm×10cm的压角混凝土并加以捣实，再继续浇筑上层，待压角混凝土接近初凝时，将其铲除重新搅拌利用［见图5-1(*b*)］。

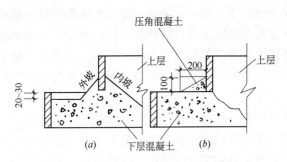

图5-1 基础台阶交角处的浇筑方法

杯形基础浇筑时，为保证杯形基础杯口底标高的准确性，宜先将杯口底混凝土振实并稍停片刻，再浇筑振捣杯口模四周的混凝土，振动时间尽可能缩短，并应两侧对称浇捣，以免杯口模挤向一侧或混凝土泛起使杯口模上升。

锥式基础，应注意斜坡部位混凝土的捣固质量，在振捣器振捣完后，用人工将斜坡表面拍平，使之符合设计要求。

2. 条形基础的浇筑

浇筑前，应根据混凝土基础顶面的标高在两侧木模上弹出标高线；如采用原槽土模时，应在基槽两侧的土壁上交错打入长 10cm 左右的木扦，并露出 2~3cm，木扦面与基础顶面标高平，木扦之间距离在 3m 左右。根据基础深度宜分段分层连续浇筑混凝土，不留施工缝。各段层间应相互衔接，每段间浇筑长度控制在 2~3m 距离，做到逐段逐层呈阶梯形向前推进。

3. 大体积基础的浇筑

大体积混凝土基础的整体性要求高，要求混凝土连续浇筑。施工工艺上应做到分层浇筑，分层捣实，但又必须保证上下层混凝土在初凝之前结合好，不至形成施工缝。在特殊的情况下可以留有基础后浇带。即在大体积混凝土基础中预留有一条后浇的施工缝，将整块大体积混凝土分成两块或若干块浇筑，待所浇筑的混凝土经一段时间的养护干缩后，再在预留的后浇带中浇筑补偿收缩混凝土，使分块的混凝土连成一个整体。

浇筑方案应根据整体性要求、结构大小、钢筋疏密、混凝土供应等具体情况由现场工程技术人员设定，通常有三种方式可选用，分别是全面分层、分段分层、斜面分层。分层的厚度决定于振动器的棒长和振动力的大小，也要考虑混凝土的供应量大小和可能浇筑量的多少，一般为 20~30cm。

浇筑大体积基础混凝土时，由于凝结过程中水泥会散发出大量的热，形成的内外温度差较大，易使混凝土产生裂缝。因此，在浇筑大体积混凝土时，应采取以下措施：选用水化热较低的水泥，如矿渣水泥、火山灰质或粉煤灰水泥，或在混凝土中掺入缓凝剂或缓凝型减水剂；选择级配良好的骨料，尽量减少水泥用量，使水化热相对降低；尽量降低每立方米混凝土的用水量；降低混凝土的入模温度；在混凝土内部预埋冷却水管，用循环水降低混凝土的温度。

（五）其他混凝土构件

1. 剪力墙的浇筑

剪力墙浇筑除按一般原则进行外，还应注意以下几点：门窗洞口部位应从两侧同时下料，高差不能太大，以防止门窗洞口模板移动。先浇捣窗台下部，后浇捣窗间墙，以防窗台下部出现蜂窝孔洞。开始浇筑时，应先浇筑 100mm 厚与混凝土砂浆成分相同的水泥砂浆。每次铺设厚度以 500mm 为宜。混凝土浇捣过程中，不可随意挪动钢筋，要经常加强检查钢筋的混凝土保护层厚度及所有预埋件的牢固程度和位置的准确性。

2. 楼梯的混凝土浇筑

楼梯工作面小，操作位置不断变化，运输上料较难。施工时，休息平台以下的踏步可由底层进料，平台以上的踏步可由上一层楼面进料。钢筋混凝土楼梯宜自下而上一次浇捣完毕。上层钢筋混凝土楼面未浇捣时，可留施工缝，施工缝宜留在楼梯长度中间 1/3 范围内。如楼梯有钢筋混凝土栏板时，应与踏步同时浇筑。楼梯浇捣完毕，应自上而下将其表面抹平。

3. 圈梁的混凝土浇筑

由于圈梁工作面窄而长，容易漏浆，所以在浇筑混凝土之前，应填塞好模板与墙体之间的空隙，并将砖砌体充分湿润。圈梁混凝土应一次浇筑完成，如果不能一次浇筑完毕，其施工缝不允许留在下列部位：砖墙的十字、丁字、转角、墙垛等处；门窗洞、大中型管道、预留洞的上部等处。浇筑带有悬挑构件的圈梁混凝土时，应同时浇筑成整体。

4. 悬挑构件混凝土的浇筑

悬挑构件是指悬挑在墙、柱、圈梁、梁、楼板以外的构件，如阳台、雨篷、天沟、屋檐、牛腿、吊重臂等。悬挑构件分为悬臂梁或悬臂板。其浇筑要点是：在支承点后部必须有平衡构件，浇筑时应同时进行，使之成为整体；受力主钢筋布置在构件的上部，浇筑时必须保证钢筋位置准确，严禁踩踏。平衡构件内钢筋应有足够的锚固长度，浇筑时不准站在钢筋上操作，应先内后外，先梁后板，不允许留置施工缝。

六、混凝土的季节施工

混凝土中水泥浆经长期的、复杂的水化反应，使得混凝土拌合物凝结、硬化以至达到最终的强度。环境温度的高低，对水泥水化反应的影响较大。因此，不同气候条件下的不同温度对混凝土施工的各工艺环节都有不可忽视的影响。充分考虑到这些影响，并在施工中采取相应措施，就可以保证混凝土工程的质量及施工的顺利进行。

（一）冬期施工

在寒冷季节，由于气温常处于负温下，新浇筑的混凝土若任其敞露在大气条件下，必将遭受冻害，混凝土的强度和耐久性将大大降低，严重影响结构的承载能力和工程寿命。

根据当地多年气温资料，室外日平均气温连续5天稳定低于5℃时，混凝土结构工程应按冬期施工要求组织施工。

1. 混凝土冬期施工的材料要求

冬期施工中配制混凝土用的水泥，应优先选用活性高、水化热大的硅酸盐水泥和普通硅酸盐水泥。水泥标号不得低于32.5，最小水泥用量不宜少于$300kg/m^3$，水灰比不应大于0.55。使用矿渣硅酸盐水泥时，宜采用蒸汽养护，使用其他品种水泥，应注意其中掺合材料对混凝土抗冻抗渗等性能的影响。掺用防冻剂的混凝土，严禁使用高铝水泥。

混凝土所用骨料必须清洁，不得含有冰雪等冰结物及易冻裂的矿物质。冬期骨料所用贮备场地应选择地势较高不积水的地方。

冬期浇筑的混凝土，宜使用无氯盐类防冻剂，对抗冻性要求高的混凝土，宜使用引气剂或引气减水剂。

2. 混凝土冬期施工的搅拌与运输

混凝土不宜露天搅拌，应搭设暖棚；优先选用大容量的搅拌机，以减少混凝土的热量损失。搅拌前，用热水或蒸汽冲洗搅拌机。混凝土的拌和时间比常温规定时间延长50%。经加热后的材料投料顺序为：先将水和砂石投入拌合，然后加入水泥。这样可防止水泥与高温水接触时的假凝现象，混凝土出机温度不得低于10℃。

混凝土的运输过程是热损失的关键阶段，应采取必要的措施减少混凝土的热损失，同时应保证混凝土的和易性。为减少运输时间和距离，常用的主要措施是使用大容积的运输工具并采取必要的保温措施，保证混凝土入模温度不低于5℃。

3. 混凝土冬期施工的浇筑

混凝土在浇筑前，应清除模板和钢筋上的冰雪和污垢，尽量加快混凝土的浇筑速度，防止热量散失过多。当采用加热养护时，混凝土养护前的温度不得低于2℃。

在施工操作上要加强混凝土的振捣。冬期振捣混凝土要采用机械振捣，振捣时间应比常温时有所增加。

加热养护整体式结构时，施工缝的位置应设置在温度应力较小处。加热温度超过40℃时，由于温度高，势必对结构产生影响。因此，在施工时要征求技术人员的意见，在跨内适当的位置设置施工缝。留施工缝处，在水泥终凝后立即用0.3～0.5MPa（3～5个大气压）的气流吹除结合面的水泥膜、污水和松动石子。继续浇筑时，为使新老混凝土牢固结合，不产生裂缝，要对旧混凝土表面进行加热，使其温度和新浇筑混凝土入模温度相同。

为了保证新浇筑混凝土与钢筋的可靠粘结，当气温在 −15℃ 以下时，直径大于 25mm 的钢筋和预埋件，可喷热风加热至 5℃，并清除钢筋上的污土和锈渣。

冬期不得在强冻胀性地基上浇筑混凝土。这种土冻胀变形大，如果地基土遭冻，必然引起混凝土的冻害及变形。在弱冻胀性地基上浇筑时，地基土应进行保温，以免遭冻。

冬期施工混凝土振捣应用机械振捣，振捣时间应比常温时有所增加。

4. 混凝土冬期施工中外加剂的应用

在混凝土中加入适量的抗冻剂、早强剂、减水剂及加气剂，使混凝土在负温下能继续水化，增长强度。这样能使混凝土冬期施工工艺简化，节约能源，降低冬期施工费用，是冬期施工有发展前途的施工方法。

混凝土冬期施工中外加剂的使用，应满足抗冻、早强的需要；对结构钢筋无锈蚀作用；对混凝土后期强度和其他物理力学性能没有不良影响；同时应适应结构工作环境的需要。单一的外加剂常不能完全满足混凝土冬期施工的要求，一般宜采用复合配方。

由于混凝土冬期掺外加剂法施工时，混凝土的搅拌、浇筑及外加剂的配制必须设专人负责，严格执行规定的掺量，因此，建议使用成熟老练的混凝土工，且工人在操作时要严格听从指导和安排。搅拌时间应与常温条件下适当延长，按外加剂的种类及要求严格控制混凝土的出机温度，混凝土的搅拌、运输、浇筑、振捣、覆盖保温应连续作业，减少施工过程中的热量损失。

5. 混凝土冬期施工的人工养护方法

冬期施工混凝土养护方法的选择，应根据当地历年气象资料和施工时几日的气象预报、结构的特点、施工进度要求、原材料及能源情况和施工现场条件等因素综合地进行研究确定。

(1) 蓄热法

蓄热法是利用加热混凝土组成材料的热量及水泥的水化热，并用保温材料(如草帘、草袋、锯末、炉渣等)对混凝土加以适当的覆盖保温，使混凝土在正温条件下硬化或缓慢冷却，并达到抗冻临界强度或预期的强度要求。蓄热法养护做法见表 6-1。

蓄热法养护做法　　　　　　　　　　　表 6-1

序号	项目	要　点
1	原　理	利用热材料搅拌的混凝土，在浇筑后用保温材料覆盖，使混凝土从搅拌机带来的余热及水泥的水化热不易散发，维持正温养护一定时间，使混凝土达到抗冻临界强度
2	适用范围	1. 适用于气温在－10℃以上的预制及现浇工程； 2. 对表面系数①不大于 5 的构件或构筑物，应优先选用
3	覆盖材料	1. 采用厚草帘、芦苇板、锯末、炉渣等导热系数小的材料； 2. 模板、刨花板、油毡、棉麻毡、帆布等不透风材料
4	复合做法	1. 掺用外加剂，提高抗冻能力； 2. 选用水化热高的硅酸盐水泥或普通水泥，提高混凝土温度； 3. 与外部加热法(电热法、蒸汽法、暖棚法)结构使用

序号	项目	要　　点
5	操作要点	1. 不是连续浇筑的工程，尽量采用上午浇筑，下午气温较高时蓄热的办法，力争提高混凝土的初期强度； 2. 每隔2～4小时检查一次温度，做好记录；如发现混凝土温度低于施工方案计划的温度时，应采取补加覆盖材料、人工加热等补充措施； 3. 混凝土强度试块，应多备2～3组，以供检验； 4. 在严寒季节，如无充分把握，不宜采用蓄热法养护

① 表面系数：指结构冷却的表面积与结构体积的比值。

（2）暖棚法

暖棚法是在被养护构件或建筑的四周搭设暖棚，或在室内用草帘、草垫等将门窗堵严，采用棚（室）内生火炉；设热风机加热，安装蒸汽排管通蒸汽或热水等热源进行采暖，使混凝土在正温环境下养护至临界强度或预定设计强度。暖棚法由于需要较多的搭盖材料和保温加热设施，施工费用较高。暖棚法养护做法见表6-2。

暖棚法养护做法　　　　　　　　　　　表6-2

序号	项目	要　　点
1	临时暖棚	1. 在施工地段搭设临时棚屋，使棚内保持在5℃以上施工； 2. 暖棚通常以竹木或轻型钢材为构架，外墙及屋盖用保温材料或聚乙烯薄膜；内部设置热源
2	多层民用建筑	1. 楼板浇筑后即覆盖保温材料保温； 2. 将建筑物已建好的下一层的门窗临时封堵，设置热源，使上一层正在施工的模板保持正温，并按照上一层外界气温调节下一层的热源温度

序号	项目	要 点
3	热源	1. 通常采用蒸汽、太阳能、电热器等； 2. 如采用火炉热源，必须设排烟装置，以防二氧化碳影响混凝土的性能； 3. 热源如属于干热性质，应同时设置水盆，以提高室内湿度； 4. 热源应均匀布置，使棚屋内各部位温度一致； 5. 应安排专人管理热源，防止火灾发生

暖棚法适用于严寒天气施工的地下室、人防工程或建筑面积不大而混凝土工程又很集中的工程。用暖棚法养护混凝土时，要求暖棚内的温度不得低于5℃，并应保持混凝土表面湿润。

(3) 蒸汽加热法

蒸汽加热法是用低压饱和蒸汽养护新浇筑的混凝土，在混凝土周围造成湿热环境，以加速混凝土硬化的方法。

蒸汽加热法种类：蒸汽加热方法有内部通气法、毛管法和汽套法。常用的是内部通气法，即在混凝土内部预留孔道，让蒸汽通入孔道加热混凝土。预留孔道可采用预埋钢管和橡皮管的方法进行，成孔后拔出。蒸汽养护结束后将孔道用水泥砂浆填实。此法节省蒸汽，温度易控制，费用较低，但要注意冷凝水的处理。内部通气法常用于厚度较大的构件和框架结构，是混凝土冬期施工中的一种较好的方法。毛管法是在混凝土模板中开好适当的通气槽，蒸汽通过汽槽加热混凝土；汽套法是在混凝土模板外加密闭、不透风的套板，模板与套板中间留出15cm空隙，通过蒸汽加热混凝土。但上述两种方法设备复杂，耗汽量大，模板损失严重，故很少采用。

蒸汽加热时应采用低压饱和蒸汽，加热应均匀，混凝土达到强度后，应排除冷凝水，把砂浆灌入孔内，将预留孔堵死。对掺用引气型外加剂的混凝土，不宜采用蒸汽养护。

6. 混凝土冬期施工的质量检查

冬期施工时，混凝土质量检查除应遵守常规施工的质量检查规定之外，尚应符合冬期施工的规定。

（1）混凝土的温度测量

为了保证冬期施工混凝土的质量，必须对施工全过程的温度进行测量监控。对施工现场环境温度每天在 2：00、8：00、14：00、20：00 定时测量 4 次；对水、外加剂、骨料的加热温度和加入搅拌机时的温度，混凝土自搅拌机卸出时和浇筑时的温度每一工作班至少应测量 4 次；如果发现测试温度和热工计算要求温度不符合时，应马上采取加强保温措施或其他措施。

在混凝土养护时期除上述规定监测环境温度外，同时应对掺用防冻剂的混凝土养护温度进行定点定时测量。

（2）混凝土的质量检查

冬期施工时，混凝土质量检查除应遵守常规施工的质量检查规定之外，尚应符合冬期施工的规定。要严格检查外加剂的质量和浓度；混凝土浇筑后应增加两组与结构同条件养护的试块，一组用以检验混凝土受冻前的强度，另一组用以检验转为常温养护 28 天的强度。

混凝土试块不得在受冻状态下试压，当混凝土试块受冻时，对边长为 150mm 的立方体试块，应在 15～20℃室温下解冻 5 小时，或浸入 10℃的水中解冻 6 小时，将试块表面擦干后进行试压。

(二)夏 季 施 工

我国长江以南广大地区夏季气温较高,尤其近几年来,大气日趋变暖,月平均最高气温超过 25℃ 的时间有三个月甚至更多,日最高气温有的高达 40℃ 以上。所以,应重视夏季高温对混凝土施工的影响和预防中暑。高温环境对混凝土拌合物及刚成型的混凝土的影响见表 6-3;混凝土在高温环境下的施工技术措施见表 6-4。

高温对混凝土的影响　　　　　　表 6-3

序号	因　　素	对混凝土的影响
1	骨料及水的温度过高	1. 拌制时,水泥容易出现假凝现象; 2. 运输时,工作性损失大,振捣或泵送困难
2	成型后直接暴晒或干热风影响	表面水分蒸发快,内部水分上升量低于蒸发量,面层急剧干燥,外硬内软,出现塑性裂缝
3	成型后白昼温差大	出现温差裂缝

高温下的施工技术措施　　　　　表 6-4

序号	项目	施工技术措施及做法
1	材料	1. 掺用缓凝剂,减少水化热的影响; 2. 用水化热低的水泥; 3. 将贮水池加盖,将供水管埋入土中,避免太阳直接暴晒; 4. 当天用的砂、石用防晒棚遮盖; 5. 用深井冷水或在水中加碎冰,但不能让冰屑直接加入搅拌机内

序号	项目	施工技术措施及做法
2	搅拌设备	1. 送料装置及搅拌机不宜直接曝晒，应有荫棚遮挡； 2. 搅拌系统尽量靠近浇筑地点； 3. 运送混凝土的搅拌运输车，宜加设外部洒水装置，或涂刷反光涂料
3	模板	1. 应及时填塞因干缩出现的模板裂缝； 2. 浇筑前应充分将模板淋湿
4	浇筑	1. 适当减小浇筑层厚度，从而减少内部温差； 2. 浇筑后立即用薄膜覆盖，不使水分外逸； 3. 露天预制场宜设置可移动荫棚，避免制品直接曝晒
5	养护	1. 自然养护的混凝土，应确保其表面的湿润； 2. 对于表面平整的混凝土表面，可采用涂刷塑料薄膜养护
6	质量要求	主控项目、一般项目和允许偏差必须符合施工规范的规定

（三）雨 期 施 工

在运输和浇捣过程中，雨水会增大混凝土的持水量，改变水灰比，导致混凝土强度降低；刚浇筑好尚处于凝结或硬化阶段的混凝土，强度很低，在雨水冲刷和冲击作用下，将表面的水泥浆冲走，产生露石现象，若遇暴雨，还会使砂粒和石子松动，造成混凝土表面破损，导致构件受压截面积的削弱，或受拉区钢筋保护层的破坏，影响构件的承载能力。雨期进行混凝土施工，无论是在浇捣、运输过程中的混凝土的拌合物，还是刚浇好之后的混凝土，都不允许受雨淋。在雨期施工混凝土，应做好下列工作：

1）模板隔离层在涂刷前要及时掌握天气预报，以防隔离层被雨水冲掉。

2）遇到大雨应停止浇筑混凝土，已浇筑部位应加以覆盖。浇筑混凝土时根据结构情况和可能，多考虑几道施工缝的留设位置。

3）雨期施工时，应加强对混凝土粗细骨料含水量的测定，及时调整混凝土的施工配合比。

4）大面积的混凝土浇筑前，要了解2～3天的天气预报，尽量避开大雨。混凝土浇筑现场要预备大量防雨材料，以备浇筑时突然遇雨进行覆盖。

5）模板支撑下部回填土要夯实，并加好垫板，雨后及时检查有无下沉。

七、混凝土的质量控制及验收

混凝土的质量控制应从混凝土组成材料、混凝土配合比设计及混凝土施工的全过程进行控制。

1. 原材料

（1）水泥

进场时应对其品种、级别、包装或散装仓号、出厂日期等进行检查，并应对其强度、安定性及其他必要的性能指标进行复验，其质量必须符合现行国家标准《硅酸盐水泥、普通硅酸盐水泥》GB 175 等的规定。当在使用中对水泥质量有怀疑或出厂超过三个月（快硬硅酸盐水泥一个月）时，应进行复验，并按复验结果使用。

检验方面：检查产品合格证、出厂检验报告和进场复验报告。

检查数量：按同一生产厂家、同一等级、同一品种、同一批号且连续进场的水泥，袋装不超过 200t 为一批，散装水泥不超过 500t 为一批，每批抽样不少于一次。

（2）外加剂

混凝土中掺用外加剂的质量及应用技术应符合现行国家标准《混凝土外加剂》GB 8076、《混凝土外加剂应用技术规范》GB 50119 等和有关环境保护的规定。

检验方面：检查产品合格证、出厂检验报告和进场复验报告。

2. 配合比设计

混凝土应按国家现行标准《普通混凝土配合比设计规程》JGJ 55 的有关规定，根据混凝土强度等级、耐久性和工作性等要求进行配合比设计。对有特殊要求的混凝土，其配合比设计尚应符合国家现行有关标准的专门规定。

检验方面：检查配合比设计资料。

3. 混凝土施工

要求混凝土的强度等级必须符合设计要求，其配合比、原材料计量、搅拌、养护和施工缝处理必须符合施工验收规范的规定。

混凝土试件的留置要求：

用于评定结构构件混凝土强度的试件，应在混凝土的浇筑地点随机抽取。取样与试件留置应符合下列规定：每拌制 100 盘且不超过 $100m^3$ 的同配合比的混凝土，取样不得少于一次（3 块）；每工作班拌制的同配合比的混凝土不足 100 盘时，取样不得少于一次；当一次连续浇筑超过 $1000m^3$ 时，同一配合比的混凝土每 $200m^3$ 取样不得少于一次；每一楼层、同一配合比的混凝土，取样不得少于一次；每次取样应至少留置一组标准养护试件，同条件养护试件的留置组数应根据实际需要确定。

应认真做好工地混凝土试件的管理工作，从试模选择、试块取样、成型、编号以至养护等要指定专人负责，以提高试件的代表性，正确地反映混凝土结构和构件的强度。

检验方法：查施工记录及试件强度试验报告。

混凝土运输、浇筑及间歇的全部时间不应超过混凝土的初凝时间。同一施工段的混凝土应连续浇筑，并应在底层混凝土初凝之前将上一层混凝土浇筑完毕。当底层混凝土初凝后浇筑上一层混凝土时，应按施工缝的要求进行处理。

八、混凝土的安全生产

施工时，除注意严格按照规定操作、保证质量之外还应注意安全生产，文明施工。参加安全教育动员，按照安全操作措施及交叉作业技术措施执行，明确安全生产目标和安全管理具体措施，确保安全和文明施工。

（一）安全教育

1. 安全教育

必须参加针对施工、"综合治理"项目特点的安全教育。认真贯彻"安全第一"和"预防为主"的方针，安全标准、操作规程和安全技术措施。提高作业人员的安全生产意识和安全防护能力。

2. 加强培训

建筑工程施工作业对专业性强、操作技能高的工种的岗位，严格实行培训合格后持证上岗，分级作业，按工种明确施工作业的对象和技能等级。工程实践证明，机电操作作业、高处作业、深坑作业的工种造成的安全事故占工程施工安全事故的90%以上。

（二）混凝土工的安全技术要点

1）在上岗操作前必须检查施工环境是否符合要求；道路是否畅通，机具是否牢固，安全措施是否配套，"三宝"（安全帽、安全带、安全网）"四口"（通道口、预留洞口、楼梯口、电梯井口）防护用品是否安全。经检查符合要求后，才能上岗操作。

2）操作用的台、架经安全检查部门验收合格后才准使用。经验收合格后的台、架未经批准不得随意改动。

3）大、中、小机电设备要有持证上岗人员专职操作、管理和维修。非操作人员一律不准启动使用。

4）在同一垂直面，遇有上下交叉作业时，必须设有安全隔离层，下方操作人员必须戴安全帽。

5）高处作业人员的身体，要经医生检查合格后才准上岗。

6）在深基础或夜间施工时，应设有足够的照明设备，照明灯应有防护罩，并不得用超过36V的电压，金属容器内行灯照明不得用超过12V的安全电压。

7）室内外的井、洞、坑、池、楼梯应设有安全护栏或防护盖、罩等设施。

8）在浇筑混凝土前对各项安全设施要认真检查其是否安全可靠及有无隐患，尤其是模板支撑、操作脚手、架设运输道路及指挥、联络信号等。

9）各种搅拌机（除反转出料搅拌机外）均为单向旋转进行搅拌，因此在接电源时应注意搅拌筒转向要符合搅拌筒上的箭头方向。

10）开机前，先检查电气设备的绝缘和接地是否良好，皮带轮保护罩是否完整。

11）工作时，机械应先启动，待机械运转正常后再加料搅拌，要边加料边加水，若遇中途停机、停电时，应立即将料卸出，不允许中途停机后重载启动。

12）常温施工时，机械应安放在防雨篷内，冬期施工机械应安放在高温棚内。

13）非司机人员，严禁开动机械。

14）搅拌站内，必须按规定设置良好的通风与防尘设备，空气中粉尘的含量不得超过国家标准。

15）少量混凝土采用人工搅拌时，要采取两人对面翻拌作业，防止铁锹等手工工具碰伤；由高处向下推拨混凝土时，要注意不要用力过猛，以免惯性作用发生人员摔伤事故。

16）用手推车运输混凝土时，用力不得过猛，不准撒把。向坑、槽内倒混凝土时，必须沿坑、槽边设不低于10cm高的车轮挡装置；推车人员倒料时，要站稳，保持身体平衡，并通知下方人员躲开。

17）在架子上推车运送混凝土时，两车之间必须保持一定距离，并右侧通行，混凝土装车容量不得超过车斗容量的3/4。

18）电动机内部或外部振动器在使用前应先对电动机、导线、开关等进行检查，如导线破损、绝缘开关不灵、无漏电保护装置等，要禁止使用。

19）电动振动器的使用者，在操作时，必须戴绝缘手套、穿绝缘鞋，停机后，要切断电源，锁好开关箱。

20）电动振动器须用按钮开关，不得用插头开关；电动振动器的扶手，必须套上绝缘胶皮管。

21) 雨天作业时，必须将振捣器加以遮盖，避免雨水浸入电机导电伤人。

22) 电气设备的安装、拆修，必须由电工负责，其他人员一律不准随意乱动。

23) 振动器不准在初凝混凝土、板、脚手架、道路和干硬的地方试振。

24) 搬移振动器时，应切断电源后进行，否则不准搬、抬或移动。

25) 平板振动器与平板应保持紧固，电源线必须固定在平板上，电气开关应装在便于操作的地方。

26) 各种振动器，在做好保护接零的基础上，还应安设漏电保护器。

27) 使用吊罐（斗）浇筑混凝土时，应经常检查吊罐（斗）、钢丝绳和卡具，如有隐患要及时处理，并应设专人指挥。

28) 浇筑混凝土使用的溜槽及串筒节间必须连接牢固，操作部位应有防护栏杆，不准直接站在溜槽帮上操作。

29) 浇筑框架、梁、柱混凝土时，应设操作台，不得直接站在模板或支撑上操作。

30) 浇筑拱形结构，应自两边拱脚对称同时进行；浇筑圈梁、雨篷、阳台时，应设防护设施；浇筑料仓时，下口应先行封闭，并铺设临时脚手架，以防人员下坠。

31) 不得在养护窑（池）边上站立和行走，并注意窑盖板和地沟孔洞，防止失足坠落。

32) 混凝土外加剂应妥善保管，不得随意接触，更不得用于食用。

主要参考文献

[1] 建设部人事教育司组织编写. 混凝土工. 北京：中国建筑工业出版社，2002.

[2] 尹国元编著. 混凝土工基本技术. 北京：金盾出版社，2002.

[3] 张伟编. 混凝土工小手册. 北京：中国电力出版社，2006.

[4] 王华生，赵慧如编著. 混凝土工程便携手册. 北京：机械工业出版社，2005.

主要参考文献

[1] 中华人民共和国建设部. 建筑工程施工质量验收统一标准. 北京: 中国建筑工业出版社, 2002.

[2] 中华人民共和国建设部. 混凝土结构工程施工质量验收规范. 北京: 中国建筑工业出版社, 2002.

[3] 中华人民共和国建设部. 砌体工程施工质量验收规范. 北京: 中国建筑工业出版社, 2002.

[4] 江正荣. 建筑施工计算手册. 北京: 中国建筑工业出版社, 2001.